普通高等教育动画类专业"十三五"规划教材

Premiere Pro CC
影视动画非线性编辑与合成

刘晓宇　潘登　编著

清华大学出版社

北　京

内 容 简 介

本书全面系统地讲解了非线性编辑与合成软件Premiere Pro CC的操作方法和编辑技巧。全书共12章，包括影视动画理论基础、软件概述、项目管理、序列编辑、修剪素材、运动动画、视频效果、视频过渡效果、音频效果、文本图形、视频输出和综合案例等内容。本书包含课堂练习、章节练习和综合练习等多层次的练习讲解，将理论与实际操作相结合，使读者将所学知识融会贯通，积累制作经验，逐步提升技术水平。

本书附赠立体化教学资源，包括案例素材、工程文件、教学视频、PPT教学课件、考试题库及答案，为读者学习提供全方位的保障，使其提高学习兴趣，提升学习效率。

本书可作为各高等院校、职业院校和培训学校的相关专业教材使用，也可作为广大视频编辑爱好者或相关从业人员的自学手册和参考资料。

图书在版编目(CIP)数据

Premiere Pro CC影视动画非线性编辑与合成 / 刘晓宇，潘登 编著. —北京：清华大学出版社，2019
（2024.7重印）
(普通高等教育动画类专业"十三五"规划教材)
ISBN 978-7-302-51525-8

Ⅰ.①P… Ⅱ.①刘… ②潘… Ⅲ.①视频编辑软件—高等学校—教材 Ⅳ.①TN94

中国版本图书馆CIP数据核字(2018)第254797号

责任编辑：李　磊　焦昭君
版式设计：孔祥峰
封面设计：王　晨
责任校对：牛艳敏
责任印制：丛怀宇

出版发行：清华大学出版社
　　　网　　　址：https://www.tup.com.cn, https://www.wqxuetang.com
　　　地　　　址：北京清华大学学研大厦A座　　　　　邮　　编：100084
　　　社 总 机：010-83470000　　　　　　　　　　　邮　　购：010-62786544
　　　投稿与读者服务：010-62776969，c-service@tup.tsinghua.edu.cn
　　　质 量 反 馈：010-62772015，zhiliang@tup.tsinghua.edu.cn
印 装 者：北京博海升彩色印刷有限公司
经　　销：全国新华书店
开　　本：185mm×260mm　　　印　　张：12.75　　　字　　数：376千字
　　　　　(附小册子1本)
版　　次：2019年2月第1版　　　印　　次：2024年7月第7次印刷
定　　价：69.80元

产品编号：079294-01

普通高等教育动画类专业"十三五"规划教材
专家委员会

丛书序

动画专业作为一个复合性、实践性、交叉性很强的专业，教材的质量在很大程度上影响着教学的质量。动画专业的教材建设是一项具体常规性的工作，是一个动态和持续的过程。配合"十三五"期间动画专业卓越人才培养计划的方案，结合实际优化课程体系、强化实践教学环节、实施动画人才培养模式创新，在深入调查研究的基础上根据学科创新、机制创新和教学模式创新的思维，在本套教材的编写过程中我们建立了极具针对性与系统性的学术体系。

动画艺术独特的表达方式正逐渐占领主流艺术表达的主体位置，成为艺术创作的重要组成部分，对艺术教育的发展起着举足轻重的作用。目前随着动画技术发展的日新月异，对动画教育提出了挑战，在面临教材内容的滞后、传统动画教学方式与社会上计算机培训机构思维方式趋同的情况下，如何打破这种教学理念上的瓶颈，建立真正的与美术院校动画人才培养目标相契合的动画教学模式，是我们所面临的新课题。在这种情况下，迫切需要进行能够适应动画专业发展自主教材的编写工作，以便引导和帮助学生提升实际分析问题、解决问题的能力以及综合运用各模块的能力，高水平动画教材的出现无疑对增强学生的专业素养起到了非常重要的作用。目前全国出版的供高等院校动画专业使用的动画基础书籍比较少，大部分都是没有院校背景的业余培训部门出版的纯粹软件讲解，内容单一，导致教材带有很强的重命令的直接使用而不重命令与创作的逻辑关系的特点，缺乏与高等院校动画专业的联系与转换以及工具模块的针对性和理论上的系统性。针对这些情况我们将通过教材的编写力争解决这些问题。在深入实践的基础上进行各种层面有利于提升教材质量的资源整合，初步集成了动画专业优秀的教学资源、核心动画创作教程、最新计算机动画技术、实验动画观念、动画原创作品等，形成多层次，多功能，交互式的教、学、研资源服务体系，发展成为辅助教学的最有力手段。同时在视频教材的管理上针对动画制作软件发展速度快的特点保持及时更新和扩展，进一步增强了教材的针对性，突出创新性和实验性特点，加强了创意、实验与技术的整合协调，培养学生的创新能力、实践能力和应用能力。在专业教材建设中，根据人才培养目标和实际需要，不断改进教材内容和课程体系，实现人才培养的知识、能力和素质结构的落实，构建综合型、实践型、实验型、应用型教材体系。加强实践性教学环节规范化建设，形成完善的实践性课程教学体系和实践性课程教学模式，通过教材的编写促进实际教学中的核心课程建设。

依照动画创作特性分成前中后期三个部分，按系统性观点实现教材之间的衔接关系，规范了整个教材编写的实施过程。整体思路明确，强调团队合作，分阶段按模块进行，在内容上注重在审美、观念、文化、心理和情感表达的同时能够把握文脉，关注精神，找到学生学习的兴趣点，帮助学生维持创作的激情，厘清进行动画创作的目的，通过动画系列教材的学习需要首先明白为什么要创作，才能使学生清楚创作什么，进而思考选择什么手段进行动画创作。提高理解力，去除创作中的盲目性、表面化，能够引发学生对作品意义的讨论和分析，加深学生对动画艺术创作的理解，为学生提供动画的创作方式和经验，开阔学生的视野和思维，为学生的创作提供多元思路，使学生明确创作意图，选择恰当的表达方式，创作出好的动画作品。通过这样一个关键过程使学生形成健康的心理、开阔的心胸、宽广的视野、良好的知识架构、优良的创作技能。采用多种方式，引导学生在创作手法上实现手段的多样，实验性的探索，视觉语言纵深以及跨领域思考的提升，学生对动画创作问题关注度敏锐度的加强。在原有的基础上提高辅导质量，进一步提高学生的创新实践能力和水平，强化学生的创新意识，结合动画艺术专业的教学特点，分步骤分层次对教学环节的各个部分有针对性地进行了合理规划和安排。在动画各项基础内容的编写过程中，在对之前教学效果分析的基础上，进一步整合资源，调整了模块，扩充了内容，分析了以往教学过程的问题，加大了教材中学生创作练习的力度，同时引入先进的创作理念，积极与一流动画创作团队进行交流与合作，通过有针对性的项目练习引导教学实践。积极探索动画教学新思路，面对动画艺术专业新的发展和挑战，与专家学者展开动画基础课程的研讨，重点讨论研究动画教学过程中的专业建设创新与实践。进一步突出动画专业的创新性和实验性特点，加强创意课程、实验课程与技术类课程的整合协调，培养学生的创新能力、实践能力和应用能力，进行了教材的改革与实验，目的是使学生在熟悉具体的动画创作流程的基础上能够体验到在具体的动画制作中如何把控作品的风格节奏、成片质量等问题，从而切实提高学生实际分析问题与解决问题的能力。

在新媒体的语境下，我们更要与时俱进或者说在某种程度上高校动画的科研需要起到带动产业发展的作用，需要创新精神。本套教材的编写从创作实践经验出发，通过对产业的深入分析以及对动画业内动态发展趋势的研究，旨在推动动画表现形式的扩展，以此带动动画教学观念方面的创新，将成果应用到实际教学中，实现观念、技术与世界接轨，起到为学生打开全新的视野、开拓思维方式的作用，达到一种观念上的突破和创新，我们要实现中国现代动画人跨入当今世界先进的动画创作行列的目标，那么教育与科技必先行，因此希望通过这种研究方式，对中国动画的创作能够起到积极的推动作用。就目前教材呈现的观念和技术形态而言，解决的意义在于把最新的理念和技术应用到动画的创作中去，拓宽思路，为动画艺术的表现方式提供更多的空间，开拓一块崭新的领域，同时打破思维定式，提倡原创精神，起到引领示范作用，能够服务于动画的创作与专业的长足发展。另外，根据本专业"十三五"规划的目标和要求，教材的内容对于卓越人才培养计划，本科教学质量与教学改革以及创新团队培养计划目标的完成都有积极的推动作用。

余春娜

天津美术学院动画艺术系

随着科技的发展，非线性编辑技术的不断进步，剪辑软件越来越大众化。而作为学习影视动画专业的学生，应该利用专业的非线性编辑与合成软件，制作出非常优秀的影视动画作品。Adobe公司的Premiere软件经过长期的发展与升级，在非线性编辑领域中可谓首屈一指，专业、简洁、方便、实用是其突出的特点。Premiere Pro CC是目前的新版本，广泛应用于影视、广告、包装等领域，深受众多学子、编辑制作者和广大爱好者的喜爱，并帮助大家制作出优秀的影视动画作品。

本书比较系统地讲解了剪辑的基础知识和Premiere Pro CC的操作界面、效果命令、制作方法等方面的内容。全书共12章，第1~2章讲解视频的基础知识和Premiere Pro CC的概况，让读者了解剪辑的基础知识，熟悉软件的操作界面；第3~4章讲解项目管理和序列编辑的基本方法，让读者掌握软件的基础操作和基本命令；第5~6章讲解修剪素材和运动动画的知识，让读者掌握制作和剪辑影视动画的技巧与方法；第7~9章讲解视音频效果和过渡效果，让读者熟悉软件中各种效果的特点和制作方法；第10章讲解编辑文本和图形效果的方法，让读者掌握文本和图形制作的技巧；第11章讲解视频输出的类型及应用；第12章为综合案例，讲解各种功能和命令的综合运用。本书通过理论与实际案例相结合的方式进行讲解，可以让读者更加快捷地掌握软件命令，增强学习兴趣，提高学习效率，从而进一步提升影视动画非线性编辑与合成的技能。

本书思路明确，分类清晰，按照视频基础、软件概述、项目管理、序列编辑、修剪素材、运动动画、视频效果、视频过渡效果、音频效果、文本图形、视频输出和综合案例的顺序，循序渐进地进行编写。内容结构完整、图文并茂、通俗易懂，并配有课堂练习、章节练习和综合练习等案例，适合相关专业学生学习使用，也适合视频制作的爱好者学习提高。

本书由刘晓宇、潘登编写，在成书的过程中，高思、高建秀、程伟华、孟树生、李永珍、程伟国、华涛、程伟新、邵彦林、邢艳玲等人也参与了部分编写工作。由于作者编写水平所限，书中难免有疏漏和不足之处，恳请广大读者批评、指正。

本书提供了案例素材文件、工程文件、教学视频、PPT课件和考试题库答案等立体化教学资源，扫一扫下面的二维码，推送到自己的邮箱后下载获取(注意：请将这两个二维码下的压缩文件全部下载完毕后，再进行解压，即可得到完整的文件内容)。

编　者

目录

第1章	影视动画理论基础	1
1.1	视频格式基础	2
	1.1.1 像素	2
	1.1.2 像素长宽比	2
	1.1.3 图像尺寸	2
	1.1.4 帧	2
	1.1.5 帧速率	2
	1.1.6 时间码	2
	1.1.7 场	3
1.2	电视制式	3
	1.2.1 NTSC制式	3
	1.2.2 PAL制式	3
	1.2.3 SECAM制式	3
1.3	文件格式	3
	1.3.1 图像格式	3
	1.3.2 视频格式	4
	1.3.3 音频格式	5
1.4	剪辑基础	6
	1.4.1 动画	6
	1.4.2 非线性编辑	6
	1.4.3 镜头	6
	1.4.4 景别	6
	1.4.5 运动拍摄	6
	1.4.6 镜头组接	6

第2章	软件概述	7
2.1	软件简介	8
2.2	软件菜单	8
	2.2.1 【文件】菜单	8
	2.2.2 【编辑】菜单	9
	2.2.3 【剪辑】菜单	10
	2.2.4 【序列】菜单	11
	2.2.5 【标记】菜单	12
	2.2.6 【图形】菜单	12
	2.2.7 【窗口】菜单	13
	2.2.8 【帮助】菜单	14
2.3	功能面板	14
	2.3.1 Adobe Story面板	15
	2.3.2 【Lumetri 范围】面板	15
	2.3.3 【Lumetri 颜色】面板	15

	2.3.4 【事件】面板	16
	2.3.5 【信息】面板	16
	2.3.6 【元数据】面板	16
	2.3.7 【历史记录】面板	16
	2.3.8 【参考监视器】面板	16
	2.3.9 【基本图形】面板	16
	2.3.10 【基本声音】面板	17
	2.3.11 【媒体浏览器】面板	17
	2.3.12 【字幕】面板	17
	2.3.13 【工作区】面板	17
	2.3.14 【工具】面板	18
	2.3.15 【库】面板	18
	2.3.16 【捕捉】面板	18
	2.3.17 【效果】面板	18
	2.3.18 【效果控件】面板	18
	2.3.19 【时间码】面板	19
	2.3.20 【时间轴】面板	19
	2.3.21 【标记】面板	19
	2.3.22 【源监视器】面板	19
	2.3.23 【编辑到磁带】面板	19
	2.3.24 【节目监视器】面板	19
	2.3.25 【进度】面板	20
	2.3.26 【音轨混合器】面板	20
	2.3.27 【音频仪表】面板	20
	2.3.28 【音频剪辑混合器】面板	20
	2.3.29 【项目】面板	20

第3章	项目管理	21
3.1	项目设置	22
	3.1.1 新建项目	22
	3.1.2 【新建项目】对话框	22
	3.1.3 打开项目	24
	3.1.4 删除项目	24
	3.1.5 移动项目	24
	3.1.6 项目管理	24
3.2	导入素材	25
3.3	创建元素	27
3.4	管理素材	29
	3.4.1 显示素材	29
	3.4.2 缩放显示	29

3.4.3 预览素材 ·················· 29
3.4.4 素材标签 ·················· 29
3.4.5 重命名素材 ················ 30
3.4.6 查找素材 ·················· 30
3.4.7 删除素材 ·················· 30
3.4.8 替换素材 ·················· 30
3.4.9 移除未使用素材 ············ 32
3.4.10 序列自动化 ·············· 32
3.4.11 脱机文件 ··············· 32
3.4.12 文件夹管理 ············· 32
3.5 本章练习：魔弦传说 ·············· 33
3.5.1 案例思路 ·················· 33
3.5.2 制作步骤 ·················· 33

第4章 序列编辑 37
4.1 使用【时间轴】面板 ·············· 38
4.2 【时间轴】面板控件 ·············· 38
4.2.1 使用缩放滚动条 ············ 38
4.2.2 将【当前时间指示器】移动至
【时间轴】面板中 ············ 39
4.2.3 使用播放指示器位置移动
【当前时间指示器】 ·········· 39
4.2.4 设置序列开始时间 ·········· 39
4.2.5 对齐素材边缘和标记 ········ 39
4.2.6 缩放查看序列 ·············· 40
4.2.7 水平滚动序列 ·············· 40
4.2.8 垂直滚动序列 ·············· 40
4.3 轨道操作 ······················ 40
4.3.1 添加轨道 ·················· 40
4.3.2 删除轨道 ·················· 41
4.3.3 重命名轨道 ················ 42
4.3.4 同步锁定 ·················· 42
4.3.5 轨道锁定 ·················· 42
4.3.6 轨道输出 ·················· 42
4.3.7 目标轨道 ·················· 42
4.3.8 指派源视频 ················ 42
4.4 设置新序列 ···················· 43
4.4.1 创建序列 ·················· 43
4.4.2 序列预设和设置 ············ 43
4.5 序列中添加素材 ················ 45
4.5.1 添加素材到序列 ············ 45
4.5.2 素材不匹配警告 ············ 46
4.5.3 添加音视频链接素材 ········ 46
4.5.4 替换素材 ·················· 46
4.5.5 嵌套序列 ·················· 46

4.6 序列中编辑素材 ················ 47
4.6.1 启用素材 ·················· 47
4.6.2 解除和链接 ················ 47
4.6.3 编组和解组 ················ 48
4.6.4 速度/持续时间 ············· 48
4.6.5 帧定格 ···················· 48
4.6.6 场选项 ···················· 49
4.6.7 时间插值 ·················· 49
4.6.8 缩放为帧大小 ·············· 49
4.6.9 调整图层 ·················· 50
4.6.10 重命名 ··················· 50
4.6.11 在项目中显示 ············· 50
4.7 渲染和预览序列 ················ 50
4.8 本章练习：动画变速 ·············· 50
4.8.1 案例思路 ·················· 50
4.8.2 制作步骤 ·················· 51

第5章 修剪素材 55
5.1 监视器的时间控件 ·············· 56
5.1.1 时间标尺 ·················· 56
5.1.2 当前时间指示器 ············ 56
5.1.3 当前时间显示 ·············· 56
5.1.4 持续时间显示 ·············· 57
5.1.5 缩放滚动条 ················ 57
5.2 监视器的播放控件 ·············· 57
5.3 监视器的剪辑 ·················· 58
5.3.1 设置标记点 ················ 58
5.3.2 设置入点和出点 ············ 58
5.3.3 拖动视频或音频 ············ 58
5.3.4 插入和覆盖 ················ 59
5.3.5 提升和提取 ················ 60
5.3.6 导出单帧 ·················· 60
5.3.7 修剪模式 ·················· 60
5.4 编辑工具 ······················ 61
5.5 本章练习：剪辑动画 ·············· 62
5.5.1 案例思路 ·················· 62
5.5.2 制作步骤 ·················· 62

第6章 运动动画 65
6.1 动画化效果 ···················· 66
6.2 创建关键帧 ···················· 66
6.3 查看关键帧 ···················· 66
6.3.1 在【效果控件】面板中查看
关键帧 ···················· 66
6.3.2 在【时间轴】面板中查看关键帧 ··· 67

目录

6.4 编辑关键帧 ·············67
6.4.1 选择关键帧 ·········67
6.4.2 移动关键帧 ·········67
6.4.3 复制、粘贴关键帧 ···67
6.4.4 删除关键帧 ·········68
6.5 关键帧插值 ·············68
6.5.1 空间插值 ···········68
6.5.2 临时插值 ···········69
6.5.3 运动效果 ···········69
6.6 运动特效属性 ···········69
6.6.1 位置 ···············69
6.6.2 缩放 ···············70
6.6.3 旋转 ···············70
6.6.4 锚点 ···············70
6.6.5 防闪烁滤镜 ·········70
6.7 透明度与混合模式 ·······70
6.7.1 不透明度 ···········70
6.7.2 混合模式 ···········70
6.8 时间重映射 ·············78
6.9 本章练习：运动动画 ·····78
6.9.1 案例思路 ···········78
6.9.2 制作步骤 ···········78

第7章 视频效果 81

7.1 视频效果概述 ···········82
7.2 编辑视频效果 ···········82
7.2.1 添加视频效果 ·······82
7.2.2 修改视频效果 ·······83
7.2.3 效果属性动画 ·······84
7.2.4 复制视频效果 ·······84
7.2.5 移除视频效果 ·······84
7.2.6 切换效果开关 ·······84
7.3 各类视频效果介绍 ·······84
7.3.1 Obsolete类视频效果 ·····84
7.3.2 变换类视频效果 ·····85
7.3.3 图像控制类视频效果 ···86
7.3.4 实用程序类视频效果 ···87
7.3.5 扭曲类视频效果 ·····88
7.3.6 时间类视频效果 ·····92
7.3.7 杂色与颗粒类视频效果 ···93
7.3.8 模糊与锐化类视频效果 ···95
7.3.9 沉浸式类视频效果 ···97
7.3.10 生成类视频效果 ····97
7.3.11 视频类视频效果 ····100
7.3.12 调整类视频效果 ····102
7.3.13 过时类视频效果 ····104

7.3.14 过渡类视频效果 ····107
7.3.15 透视类视频效果 ····108
7.3.16 通道类视频效果 ····110
7.3.17 键控类视频效果 ····112
7.3.18 颜色校正类视频效果 ···114
7.3.19 风格化视频效果 ····118
7.4 文件夹效果 ·············121
7.4.1 预设文件夹 ·········121
7.4.2 Lumetri预设文件夹 ···125
7.5 本章练习：动画海报 ·····127
7.5.1 案例思路 ···········127
7.5.2 制作步骤 ···········127

第8章 视频过渡效果 131

8.1 视频过渡效果概述 ·······132
8.2 编辑视频过渡效果 ·······132
8.2.1 添加过渡效果 ·······132
8.2.2 替换过渡效果 ·······132
8.2.3 查看或修改过渡效果 ···133
8.2.4 修改持续时间 ·······134
8.2.5 删除过渡效果 ·······135
8.3 各类视频过渡效果介绍 ···135
8.3.1 3D运动类视频过渡效果 ···135
8.3.2 划像类视频过渡效果 ···135
8.3.3 擦除类视频过渡效果 ···137
8.3.4 沉浸式视频过渡效果 ···141
8.3.5 溶解类视频过渡效果 ···141
8.3.6 滑动类视频过渡效果 ···144
8.3.7 缩放类视频过渡效果 ···145
8.3.8 页面剥落类视频过渡效果 ···145
8.4 本章练习：陆战队 ·······146
8.4.1 案例思路 ···········146
8.4.2 制作步骤 ···········146

第9章 音频效果 149

9.1 数字音频基础知识 ·······150
9.2 编辑音频效果 ···········151
9.2.1 添加音频效果 ·······151
9.2.2 修改音频效果 ·······151
9.2.3 音频效果属性动画 ···151
9.2.4 复制音频效果 ·······151
9.3 各类音频效果介绍 ·······151
9.3.1 音频效果 ···········151
9.3.2 过时的音频效果 ·····157
9.4 音频过渡效果 ···········161

9.4.1　编辑音频过渡效果·················161
9.4.2　交叉淡化·······························162
9.5　本章练习：动画声音·················163
9.5.1　案例思路·······························163
9.5.2　制作步骤·······························163

第10章　文本图形　　165

10.1　创建图形·································166
10.1.1　创建文本图层·····················166
10.1.2　创建形状图层·····················166
10.1.3　创建素材图层·····················166
10.2　修改图形属性·························166
10.2.1　响应式设计·························167
10.2.2　对齐并变换·························167
10.2.3　主样式·······························167
10.2.4　文本·································167
10.2.5　外观·································167
10.3　主图形·····································169
10.4　滚动文本·································169
10.5　本章练习：动画播放器·············170
10.5.1　案例思路·························170
10.5.2　制作步骤·························171

第11章　视频输出　　175

11.1　导出文件·································176
11.2　输出单帧图像·························176
11.3　输出序列帧图像·····················177
11.4　输出音频格式·························177
11.5　输出视频影片·························178
11.6　本章练习：视频输出·················179
11.6.1　案例思路·························179
11.6.2　制作步骤·························179

第12章　综合案例　　181

12.1　电子相册·································182
12.1.1　案例思路·························182
12.1.2　设置项目·························182
12.1.3　制作片头·························182
12.1.4　制作场景一·····················183
12.1.5　制作场景二·····················184
12.2　动画MV··································185
12.2.1　案例思路·························185
12.2.2　设置项目·························185
12.2.3　制作片头·························186
12.2.4　剪辑素材·························187
12.2.5　制作效果·························188
12.3　影视宣传片····························190
12.3.1　案例思路·························190
12.3.2　设置项目·························190
12.3.3　制作片头·························190
12.3.4　剪辑素材·························191
12.3.5　制作片尾·························192
12.3.6　制作过渡·························193

第1章
影视动画理论基础

- 视频格式基础
- 电视制式
- 文件格式
- 剪辑基础

本章主要介绍视频编辑制作的基础常识和一些格式规范，以及一些剪辑技巧常识。这些知识可以帮助读者更加专业化地进行图形影像处理，制作出更加标准化、专业化的影视动画短片。本章介绍的视频制作的基础内容包括视频格式基础、电视制式、文件格式和剪辑基础。通过学习，读者可以对视频编辑有一个宏观的认识，为以后的学习奠定一定的理论基础。

1.1 视频格式基础

1.1.1 像素

像素(Pixel)是用来计算数码影像的一种单位。像素是指基本原色素及其灰度的基本编码，是构成数字图像的基本单元，通常以像素/英寸为单位来表示图像分辨率的大小。

把图像放大数倍，会发现图像是由多个色彩相近的小方格所组成的，这些小方格就是构成图像的最小单位，就是像素。图像中的像素点越多，拥有的色彩就越丰富，图像效果越好，也就越能表达色彩的真实感，如图1-1所示。

高像素　　　　　　　　低像素

图1-1

1.1.2 像素长宽比

像素长宽比是指图像中一个像素的宽度与高度之比，而帧纵横比则是指图像一帧的宽度与高度之比。方形像素长宽比为1.0(1：1)，矩形像素长宽比则不是1：1。一般计算机像素为方形像素，电视像素为矩形像素。

1.1.3 图像尺寸

数字图像是以像素为单位表示画面的高度和宽度的。图片分辨率越高，所需像素越多。标准视频的图像尺寸有许多种，如DV画面像素大小为720×576，HDV画面像素大小为1280×720和1400×1080，HD高清画面像素大小为1920×1080等。

1.1.4 帧

帧就是动态影像中的单幅影像画面，是动态影像的基本单位，相当于电影胶片上的每一格镜头，如图1-2所示。一帧就是一个静止的画面，多个画面逐渐变化的帧快速播放，就形成了动态影像。

图1-2

1.1.5 帧速率

帧频率就是每秒显示的静止图像帧数，通常用帧/秒表示。帧频率越高，影像画面的动画就越流畅。帧速率如果过小视频画面就会不连贯，影响观看效果。电影的帧速率为24帧/秒，我国电视的帧速率为25帧/秒。

1.1.6 时间码

时间码(Time Code)是摄像机在记录图像信号时，针对每一幅图像记录的唯一的时间编码。数据信号流为视频中的每个帧都分配一个数字，每个帧都有唯一的时间码，格式为"小时：分钟：秒钟：帧"。例如01:23:45:10则表示为1小时23分钟45秒10帧。

1.1.7 场

每一帧由两个场组成，奇数场和偶数场，又称为上场和下场。场以水平分隔线的方式隔行保存帧的内容，在显示时可以选择优先显示上场内容或下场内容。计算机操作系统是以非交错扫描形式显示视频的，每一帧图像一次性垂直扫描完成，即为无场。

1.2 电视制式

电视制式就是用来实现电视图像或声音信号所采用的一种技术标准，电视信号的标准可以简称为制式。由于世界上各个国家所执行的电视制式标准不同，电视制式也是有些区别的，主要表现在帧频率、分辨率和信号带宽等多方面。世界上主要使用的电视制式有NTSC、PAL和SECAM三种。

1.2.1 NTSC制式

NTSC(National Television Standards Committee，美国国家电视标准委员会)制式一般被称为正交调制式彩色电视制式，是1952年由美国国家电视标准委员会指定的彩色电视广播标准，采用正交平衡调幅的技术方式。

采用NTSC制式的国家有美国、日本、韩国、菲律宾、加拿大等。

1.2.2 PAL制式

PAL(Phase Alternating Line，逐行倒相)制式一般被称为逐行倒相式彩色电视制式，是西德在1962年指定的彩色电视广播标准，它采用逐行倒相正交平衡调幅的技术方法，克服了NTSC制式相位敏感造成色彩失真的缺点。

采用PAL制式的国家有德国、中国、英国、意大利和荷兰等。PAL制式中根据不同的参数细节，进一步划分为G、I、D等制式，中国采用的制式是PAL-D。

1.2.3 SECAM制式

SECAM(Systeme Electronique Pour Couleur Avec Memoire，顺序传送彩色与记忆制)制式一般被称为轮流传送式彩色电视制式，是法国在1956年提出、1966年制定的一种新的彩色电视制式。

采用SECAM制式的国家和地区有法国、东欧、非洲各国和中东一带。

1.3 文件格式

文件格式的不同，其编码方式及应用特点也会有所不同。掌握这些格式的编码方式和格式特点，可以选择更合适的格式进行应用。

1.3.1 图像格式

图像格式是计算机存储图像的格式，常见的图像格式有GIF格式、JPEG格式、BMP格式和PSD格式等。

1. GIF格式

GIF格式全称为Graphics Interchange Format，是图形交换格式，是一种基于LZW算法的连续色调的无损压缩格式。GIF格式的压缩率一般在50%左右，支持的软件较为广泛。GIF格式可以在

一个文件中存储多幅彩色图像，并可以逐渐显示，构成简单的动画效果。

2. JPEG格式

JPEG格式全称为Joint Photographic Expert Group，是最常用的图像文件格式之一，由软件开发联合会组织制定，是一种有损压缩格式，能够将图像压缩在很小的存储空间中。JPEG格式是目前网络上最流行的图像格式，可以把文件压缩到最小，就是用最少的磁盘空间得到较好的图像品质。

3. TIFF格式

TIFF格式全称为Tag Image File Format，是由Aldus和 Microsoft公司为桌上出版系统研制开发的一种较为通用的图像文件格式。TIFF格式支持多种编码方法，是图像文件格式中较复杂的格式，具有扩展性、方便性、可改性等特点，多用于印刷领域。

4. BMP格式

BMP格式全称为Bitmap，是Windows环境中的标准图像数据文件格式。BMP格式采用位映射存储格式，不采用其他任何压缩，所需空间较大，支持的软件较为广泛。

5. TGA格式

TGA格式又称为Targa，全称为Tagged Graphics，是一种图形、图像数据的通用格式，是多媒体视频编辑转换的常用格式之一。TGA格式对不规则形状的图形图像支持较好，支持压缩，使用不失真的压缩算法。

6. PSD格式

PSD格式全称为Photoshop Document，是Photoshop图像处理软件的专用文件格式。PSD格式支持图层、通道、蒙版和不同色彩模式的各种图像特征，是一种非压缩的原始文件保存格式。PSD格式保留图像的原始信息和制作信息，方便软件处理修改，但文件较大。

7. PNG格式

PNG格式全称为Portable Network Graphics，是便携式网络图形，PNG格式能够提供比GIF格式还要小的无损压缩图像文件，并且保留了通道信息，可以制作背景为透明的图像。

1.3.2 视频格式

视频格式是计算机存储视频的格式，常见的视频格式有MPEG格式、AVI格式、MOV格式和3GP格式等。

1. MPEG格式

MPEG(Moving Picture Experts Group，动态图像专家组)是针对运动图像和语音压缩制定国际标准的组织。MPEG标准的视频压缩编码技术主要利用了具有运动补偿的帧间压缩编码技术以减小时间冗余度，大大增强了压缩性能。MPEG格式被广泛应用于各个商业领域，成为主流的视频格式之一。MPEG格式包括MPEG-1、MPEG-2和MPEG-4等。

2. AVI格式

AVI(Audio Video Interleaved，音频视频交错格式)是将语音和影像同步组合在一起的文件格式。通常情况下，一个AVI文件里会有一个音频流和一个视频流。AVI文件是Windows操作系统中最基本、也是最常用的一种媒体格式文件。AVI文件作为主流的视频文件格式之一，被广泛应用于影视、广告、游戏和软件等领域，但由于该文件格式占用内存较大，经常需要进行一些压缩。

3. MOV格式

MOV即QuickTime影片格式，是Apple(苹果)公司创立的一种视频格式，是一种优秀的视频编码格式，也是常用的视频格式之一。

4. ASF格式

ASF(Advanced Streaming Format，高级串流格式)是一种可以在网上即时观赏的视频流媒体文件压缩格式。

5. WMV格式

Windows Media格式输出的是WMV格式文件，其全称是Windows Media Video，是微软公司推出的一种流媒体格式。在同等视频质量下，WMV格式的文件可以边下载边播放，很适合在网上播放和传输，因此也成为常用的视频文件格式之一。

6. 3GP格式

3GP格式是一种3G流媒体的视频编码格式，主要是为了配合3G网络的高传输速度而开发的，也是手机中较为常见的一种视频格式。

7. FLV格式

FLV是Flash Video的简称，是一种流媒体视频格式。FLV格式文件体积小，方便网络传输，多用于网络视频播放。

8. F4V格式

F4V格式是Adobe公司为了迎接高清时代而推出的继FLV格式后支持H.264的F4V流媒体格式。F4V格式和FLV格式的主要区别在于，FLV格式采用H.263编码，而F4V则支持H.264编码的高清晰视频。在文件大小相同的情况下，F4V格式文件更加清晰流畅。

1.3.3　音频格式

音频格式是计算机存储音频的格式，常见的音频格式有WAV格式、MP3格式、MIDI格式和WMA格式等。

1. WAV格式

WAV格式是微软公司开发的一种声音文件格式。该格式支持多种压缩算法，支持多种音频位数、采样频率和声道。WAV格式支持的软件较为广泛。

2. MP3格式

MP3全称为MPEG Audio Player 3，是MPEG标准中的音频部分，也就是MPEG音频层。MP3格式采用保留低音频、高压高音频的有损压缩模式，具有10：1~12：1的高压缩率，因此MP3格式文件体积小、音质好，成为较为流行的音频格式。

3. MIDI格式

MIDI(Musical Instrument Digital Interface，乐器数字接口)是编曲界最广泛的音乐标准格式。MIDI格式用音符的数字控制信号来记录音乐，在乐器与计算机之间以较低的数据量进行传输，存储在计算机里的数据量也相当小，一个MIDI文件每存1分钟的音乐只用5~10KB。

4. WMA格式

WMA (Windows Media Audio)是微软公司推出的音频格式，该格式的压缩率一般都可以达到1：18左右，其音质超过MP3格式，更远胜于RA(Real Audio)格式，成为广受欢迎的音频格式之一。

5. Real Audio格式

Real Audio(简称RA)是一种可以在网上实时传输和播放的音频流媒体格式。Real的文件格式主要有RA(RealAudio)、RM(RealMedia，RealAudio G2)和RMX(RealAudio Secured)等。RA文件压缩率高，可以随网络带宽的不同而改变声音的质量，带宽高的听众可以听到较好的音质。

6. ACC格式

ACC (Advanced Audio Coding，高级音频编码技术)是杜比实验室提供的技术。AAC格式是遵循MPEG-2规格所开发的技术，可以在比MP3格式小30%的体积下，提供更好的音质效果。

1.4 剪辑基础

剪辑就是将影片制作中所拍摄的大量镜头素材，利用非线性编辑软件，并遵循一定的镜头语言和剪辑规律，经过选择、取舍、分解和组接，最终完成一个连贯流畅、主题明确的艺术作品。

1.4.1 动画

动画是一种综合艺术，它是集合了绘画、漫画、电影、数字媒体、摄影、音乐、文学等众多艺术门类于一身的艺术表现形式。动画片是电影的一个类型，是电影的一种特殊表现形式。

动画技术较规范的定义是采用逐帧拍摄对象并连续播放而形成运动的影像技术。不论拍摄对象是什么，只要它的拍摄方式采用的是逐格方式，观看时连续播放形成了活动影像，它就是动画。

1.4.2 非线性编辑

非线性编辑是相对于传统的以时间顺序进行线性编辑而言的。非线性编辑借助计算机进行数字化制作，几乎所有的工作都在计算机中完成，不依靠外部设备，打破传统时间顺序编辑的限制，根据制作需求自由排列组合，具有快捷、简便、随机的特性。

1.4.3 镜头

在影视作品的前期拍摄中，镜头是指摄像机从启动到关闭期间，不间断拍摄的一段画面的总和。在后期编辑时，镜头可以指两个剪辑点间的一组画面。在前期拍摄中的镜头是影片组成的基本单位，也是非线性编辑的基础素材。非线性编辑软件就是对镜头的重新组接和裁剪编辑处理。

1.4.4 景别

景别是指由于摄像机与被摄体的距离不同，而造成被摄体在镜头画面中呈现出范围大小的区别。景别一般可分为5种，由近至远分别为特写、近景、中景、全景和远景，如图1-3所示。

图1-3

1.4.5 运动拍摄

运动拍摄是指在一个镜头中通过移动摄像机机位，或者改变镜头焦距所进行的拍摄。通过这种拍摄方式所拍到的画面，称为运动画面。通过推、拉、摇、移、跟、升降摄像机和综合运动摄像机，可以形成推镜头、拉镜头、摇镜头、移镜头、跟镜头、升降镜头和综合运动镜头等运动镜头画面。

1.4.6 镜头组接

镜头组接就是将拍摄的画面镜头，按照一定的构思和逻辑有规律地串联在一起。一部影片由许多镜头合乎逻辑地、有节奏地组接在一起，从而清楚地表达作者的阐释意图。在后期剪辑的过程中，需要遵循镜头组接的规律，使影片表达得更为连贯流畅。画面组接的一般规律就是动接动、静接静和声画统一等。

第2章
软件概述

- 软件简介
- 软件菜单
- 功能面板

本章主要是初步了解Premiere Pro CC软件，熟悉软件特点及其界面组成。软件编辑制作的所有功能命令都可以在菜单或面板中找到。因此，了解软件的各个菜单命令，掌握不同功能面板的使用方法就十分重要。

2.1 软件简介

Premiere Pro CC软件是Adobe公司一款优秀的专业视频编辑软件，专业、简洁、方便、实用是其突出的特点，并在剪辑领域广为使用，如图2-1所示。Premiere Pro CC是目前的新版本，广泛应用于影视、广告、包装等专业领域。

Premiere Pro CC软件提供了采集、剪辑、调色、美化音频、添加字幕、输出、DVD刻录的一整套流程，并和其他Adobe软件高效集成，帮助用户完成在编辑、制作、工作流程上遇到的所有挑战，满足用户创建高质量作品的要求。

图2-1

2.2 软件菜单

Premiere Pro CC的菜单栏包含8个菜单，分别是【文件】、【编辑】、【剪辑】、【序列】、【标记】、【图形】、【窗口】和【帮助】，如图2-2所示。

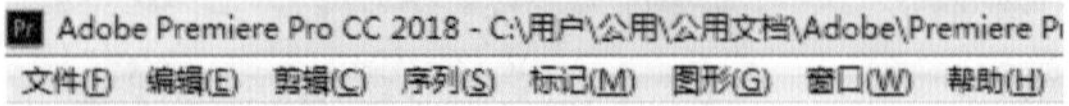

图2-2

2.2.1 【文件】菜单

【文件】菜单主要用于对项目文件的管理，包含了新建项目、保存项目、导入素材和导出项目等操作，如图2-3所示。

※ 命令详解

【新建】：用于创建一个新的项目或各种类型的素材文件。

【打开项目】：用于打开一个Premiere Pro CC项目。

【打开团队项目】：用于打开一个Premiere Pro CC团队项目。

【打开最近使用的内容】：用于打开一个最近编辑过的Premiere Pro CC项目。

【转换Premiere Clip项目】：用于转换成Premiere Pro CC Clip项目，以便在移动设备上制作视频，例如在iPad上。

【关闭】：用于关闭当前选择的面板。

【关闭项目】：用于关闭当前项目，但不退出软件程序。

【关闭所有项目】：用于关闭所有项目，但不退出软件程序。

【刷新所有项目】：用于刷新工作空间中的所有项目资源。

【保存】：用于保存当前项目。

【另存为】：用于将当前项目重新命名保存，或者将项目保存到其他路径位置上，并且停留在新的项目编辑环境下。

图2-3

【保存副本】：用于为当前项目存储一个项目副本，存储后仍停留在原项目编辑环境下。

【全部保存】：用于保存全部打开的文件及所包含的音频文件到指定文件名和位置。

【还原】：用于将项目恢复到上一次保存过的项目版本。

【同步设置】：用于让用户将常规首选项、键盘快捷键、预设和库同步到Creative Cloud中。

【捕捉】：用于从外接设备中采集素材。

【批量捕捉】：用于从外接设备中自动采集多个素材。

【链接媒体】：用于重新查找脱机素材，使其与源文件重新链接在一起。

【设为脱机】：用于将素材的位置信息删除，可减轻运算负担。

Adobe Dynamic Link：用于建立一个动态链接，方便项目与After Effects等软件配合调整编辑，移动素材不需进行中介演算，从而提高工作效率。

Adobe Story：用于让用户导入在Adobe Story软件中创建的脚本。

【从媒体浏览器导入】：用于将媒体资源管理器中选择的文件导入【项目】面板中。

【导入】：将计算机中的文件导入【项目】面板中。

【导入最近使用的文件】：将最近使用的文件导入【项目】面板中。

【导出】：用于将编辑完成后的项目输出成图片、音频、视频或者其他格式文件。

【获取属性】：用于获取选择文件的相关属性信息。

【项目设置】：用于设置项目的常规和暂存盘，设置视频显示格式、音频显示格式和项目自动保存路径等。

【项目管理】：用于创建项目整合后的副本。

【退出】：退出Premiere Pro CC软件，关闭程序。

2.2.2　【编辑】菜单

【编辑】菜单主要包括整个程序中通用的标准编辑命令，如【复制】、【粘贴】、【撤销】等命令，如图2-4所示。

※ 命令详解

【撤销】：撤销上一次的操作。

【重做】：恢复上一次的操作。

【剪切】：用于将选定的内容剪切到剪贴板中。

【复制】：用于将选定的内容复制一份。

【粘贴】：用于将剪切或复制的内容粘贴到指定区域。

【粘贴插入】：用于将剪切或复制的内容，在指定区域以插入的方式进行粘贴。

【粘贴属性】：用于将其他素材的属性粘贴到选定素材上。

【删除属性】：用于删除文档属性，以便编辑自定义属性。

【清除】：用于删除选择的内容。

【波纹删除】：用于删除选择的素材，后面的素材自动移动到删除素材的位置，时间序列中不会留下空白间隙。

图2-4

【重复】：用于复制【项目】面板中选定的素材。

【全选】：用于选择当前面板中的全部内容。

【选择所有匹配项】：用于选择【时间轴】面板中多个源于同一素材的素材片段。

【取消全选】：用于取消所有选择状态。

【查找】：用于在【项目】面板中查找素材。

【查找下一个】：用于在【项目】面板中查找多个素材。

【标签】：用于改变素材的标签颜色。

【移除未使用资源】：用于快速删除【项目】面板中多余的素材。

【团队项目】：用于编辑和管理团队项目。

【编辑原始】：用于将选中的素材在其他程序中进行编辑。

【在Adobe Audition中编辑】：将音频素材导入Adobe Audition中进行编辑。

【在Adobe Photoshop中编辑】：将图片素材导入Adobe Photoshop中进行编辑。

【快捷键】：用于指定键盘快捷键。

【首选项】：用于设置Premiere Pro CC软件的一些基本参数。

2.2.3 【剪辑】菜单

【剪辑】菜单主要用于对素材进行编辑处理，包含【重命名】、【插入】和【覆盖】等命令，如图2-5所示。

※ 命令详解

【重命名】：用于对选定对象重新命名。

【制作子剪辑】：用于将【源监视器】面板中编辑后的素材创建为一个新的附加素材。

【编辑子剪辑】：用于编辑新附加素材的入点和出点。

【编辑脱机】：用于脱机编辑素材。

【源设置】：用于对素材源对象进行设置。

【修改】：用于修改素材音频声道或时间码等，并可以查看或修改素材信息。

【视频选项】：用于对视频素材的帧定格、场选择、帧混合和帧大小等选项进行设置。

【音频选项】：用于对音频素材的增益、拆分为单声道和提取音频选项进行设置。

【速度/持续时间】：用于设置素材的播放速率和持续时间。

【捕捉设置】：用于设置捕捉素材的相关属性。

图2-5

【插入】：用于将素材插入时间轴中的当前时间线指示处。

【覆盖】：用于将素材放置到时间轴中的当前时间线指示处，并覆盖已有的素材部分。

【替换素材】：用于对【项目】面板中的素材进行替换。

【替换为剪辑】：用【源监视器】面板中编辑的素材或【项目】面板中的素材替换时间轴中的素材片段。

【渲染和替换】：用于设置素材源和目标等。

【恢复未渲染的内容】：用于恢复没有被渲染的内容。

【更新元数据】：用于刷新元数据的同步和描述。

【生成音频波形】：用于通过另一种方式查看音频波形。

【自动匹配序列】：用于将【项目】面板中的素材快速地添加到序列中。

【启用】：用于激活或禁用【时间轴】中的素材。禁用的素材不会在【节目监视器】中显示，也不会被输出。

【链接】：用于链接或打断链接在一起的素材。

【编组】：用于将时间轴中的所选素材组合为一组，方便整体操作。

【取消编组】：用于取消素材的编组。

【同步】：用于根据素材的起点、终点或时间码在时间轴上排列素材。

【合并剪辑】：用于将【时间轴】面板中所选择的一段音频素材和一段视频素材合并在一起，并添加到【项目】面板中，成为剪辑素材。

【嵌套】：用于将选择的素材添加到新的序列中，并将新序列作为素材，添加至原有素材位置。

【创建多机位源序列】：用于创建多机位剪辑。

【多机位】：用于显示多机位编辑界面。

2.2.4 【序列】菜单

【序列】菜单主要用于在【时间轴】面板上预渲染素材、改变轨道数量，包含【序列设置】、【渲染入点到出点的效果】、【添加轨道】和【删除轨道】等命令，如图2-6所示。

※ 命令详解

【序列设置】：用于对序列参数进行设置。

【渲染入点到出点的效果】：用于渲染序列入点到出点编辑效果的预览文件。

【渲染入点到出点】：用于渲染完整序列编辑效果的预览文件。

【渲染选择项】：用于渲染序列中选择部分编辑效果的预览文件。

【渲染音频】：用于渲染序列音频预览文件。

【删除渲染文件】：用于删除渲染预览文件。

【删除入点到出点的渲染文件】：用于删除渲染序列入点到出点的预览文件。

【匹配帧】：用于将【源监视器】与【节目监视器】中所显示的画面与当前帧所匹配。

【反转匹配帧】：用于找到【源监视器】中加载的帧并将其在时间轴中进行匹配。

【添加编辑】：用于将选中素材拆分开。

【添加编辑到所有轨道】：用于将【当前时间帧指示器】位置所有轨道上的素材进行拆分。

【修剪编辑】：用于对序列已经设置的剪辑入点和出点进行修整。

【将所选编辑点扩展到播放指示器】：用于将所选编辑点移动到【当前时间帧指示器】所在的位置上。

图2-6

【应用视频过渡】：用于在两段素材之间添加默认的视频过渡效果。

【应用音频过渡】：用于在两段素材之间添加默认的音频过渡效果。

【应用默认过渡到选择项】：用于将默认的过渡效果添加到所选择的素材上。

【提升】：用于在【节目监视器】面板中，移除从入点到出点之间的帧，并在【时间轴】面板上保留空白间隙。

【提取】：用于在【节目监视器】面板中，移除从入点到出点之间的帧，右侧素材向左补进。

【放大】：用于放大显示时间轴。

【缩小】：用于缩小显示时间轴。

【封闭间隙】：用于图像中的间隙。

【转到间隔】：用于快速跳转到素材的边缘位置。

【对齐】：用于自动对齐到素材边缘。

【链接选择项】：用于自动将链接的素材同时操作。

【选择跟随播放指示器】：用于自动激活【当前时间帧指示器】所在位置上的素材。

【显示连接的编辑点】：用于显示素材衔接处的编辑点。

【标准化主轨道】：用于对主音频轨道进行标准化设置。

【制作子序列】：用于为选择的素材创建新的序列。

【添加轨道】：用于从时间轴中添加音视频轨道。

【删除轨道】：用于从时间轴中删除音视频轨道。

2.2.5 【标记】菜单

【标记】菜单主要用于对标记点进行选择、添加和删除操作，包含【标记剪辑】、【添加标记】、【转到下一标记】、【清除所选标记】和【编辑标记】等命令，如图2-7所示。

※ 命令详解

【标记入点】：用于在当前时间线位置为素材添加入点标记。

【标记出点】：用于在当前时间线位置为素材添加出点标记。

【标记剪辑】：用于设置当前时间线位置素材的剪辑入点和出点为序列入点和出点。

【标记选择项】：用于设置所选的剪辑入点和出点为序列入点和出点。

【标记拆分】：用于将标记进行拆分。

【转到入点】：用于跳转到入点位置。

【转到出点】：用于跳转到出点位置。

【转到拆分】：用于跳转到拆分的标记位置。

【清除入点】：用于清除素材的入点标记。

【清除出点】：用于清除素材的出点标记。

【清除入点和出点】：用于清除素材的入点和出点标记。

【添加标记】：用于添加一个标记点。

【转到下一标记】：用于跳转到素材的下一个标记位置。

【转到上一标记】：用于跳转到素材的上一个标记位置。

【清除所选标记】：用于清除所选择的标记点。

【清除所有标记】：用于清除所有标记点。

【编辑标记】：用于对所选择的标记点进行名称注释和颜色等属性的设置。

图2-7

【添加章节标记】：用于为素材添加章节标记点。

【添加Flash提示标记】：用于为素材添加Flash提示标记点。

【波纹序列标记】：用于开启波纹序列标记。

2.2.6 【图形】菜单

【图形】菜单主要用于对图形进行相关操作的设置，包含【新建图层】、【选择下一个图形】和【选择上一个图形】等命令，如图2-8所示。

※ 命令详解

【从Typekit添加字体】：用于从订阅的Typekit字体库中添加字体。

【安装动态图形模板】：用于将运动图形模板添加到基本图形目录中。

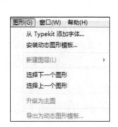

图2-8

【新建图层】：用于创建文本和图像等类型的图层。

【选择下一个图形】：用于选择下一个图形素材。

【选择上一个图形】：用于选择上一个图形素材。

【升级为主图】：用于将序列中的图形素材升级为主图形。

【导出为动态图形模板】：用于将当前图形剪辑(包括所有动画)转换成动态图形模板。

2.2.7 【窗口】菜单

【窗口】菜单主要用于显示或关闭Premiere Pro CC 软件中的各个功能面板，包含【信息】面板、【字幕】面板、【效果控件】面板、【节目监视器】面板和【项目】面板等，如图2-9所示。

※ 命令详解

【工作区】：用于选择适合的工作区布局。

【查找有关Exchange的扩展功能】：用于打开Adobe Exchange面板，可以快速浏览、安装并查找最新增效工具和扩展的支持。

【扩展】：可以打开Premiere Pro CC的扩展程序。

【最大化框架】：用于将当前面板最大化显示。

【音频剪辑效果编辑器】：用于开启或关闭音频剪辑效果编辑器面板。

【音频轨道效果编辑器】：用于开启或关闭音频轨道效果编辑器面板。

Adobe Story：用于启动Adobe Story程序。

【Lumetri范围】：用于开启或关闭Lumetri范围面板，查看Lumetri范围。

图2-9

【Lumetri 颜色】：用于开启或关闭Lumetri 颜色面板，调节颜色。

【事件】：用于开启或关闭事件面板，查看或管理序列中设置的事件动作。

【信息】：用于开启或关闭信息面板，查看剪辑素材等信息。

【元数据】：用于开启或关闭元数据面板，可以查看素材数据的详细信息，也可以添加注释等。

【历史记录】：用于开启或关闭历史记录面板，查看操作记录，并可以返回之前某一步骤的编辑状态。

【参考监视器】：用于开启或关闭参考监视器面板，显示辅助监视器。

【基本图形】：用于开启或关闭基本图形面板，可制作标题和图形。

【基本声音】：用于开启或关闭基本声音面板，将声音标记为特定类型。

【媒体浏览器】：用于开启或关闭媒体浏览器面板，查看计算机中的素材资源，并可快捷地将文件导入项目面板中。

【字幕】：用于开启或关闭字幕面板。

【工作区】：用于开启或关闭工作区面板，选择工作区布局。

【工具】：用于开启或关闭工具面板。

【库】：用于开启或关闭库面板，需要联网显示库内容。

【捕捉】：用于开启或关闭捕捉面板，设置捕捉参数。

【效果】：用于开启或关闭效果面板，可以将效果添加到素材上。

【效果控件】：用于开启或关闭效果控件面板，设置素材效果属性。

【时间码】：用于开启或关闭时间码面板，方便查看当前时间位置。

【时间轴】：用于开启或关闭时间轴面板，编辑序列中素材的操作区域。

【标记】：用于开启或关闭标记面板，查看标记信息。

【源监视器】：用于开启或关闭源监视器面板，查看或剪辑素材。

【编辑到磁带】：用于开启或关闭编辑到磁带面板，设置写入磁带的信息。

【节目监视器】：用于开启或关闭节目监视器面板，显示编辑效果。

【进度】：用于开启或关闭进度面板，显示项目进度。

【音轨混合器】：用于开启或关闭音轨混合器面板，设置音轨信息。

【音频仪表】：用于开启或关闭音频仪表面板，显示音波。

【音频剪辑混合器】：用于开启或关闭音频剪辑混合器面板，设置音频信息。

【项目】：用于开启或关闭项目面板，存放操作素材。

2.2.8 【帮助】菜单

【帮助】菜单主要提供了程序应用的【Adobe Premiere Pro帮助】、【Adobe Premiere Pro
教程】、【键盘】和【更新】等命令，如图2-10
所示。

※ 命令详解

【Adobe Premiere Pro 帮助】：可以显示
Adobe Premiere Pro软件帮助窗口，用户可以通
过帮助快速了解该软件的功能和应用，通过向导
学习如何使用软件，还可以搜索感兴趣的部分来
学习。

图2-10

【Adobe Premiere Pro 教程】：可以链接到Adobe官方网站获取技术教程。

【欢迎屏幕】：可以显示欢迎屏幕。

【重设导览】：可以重新设置导览内容。

【键盘】：用于通过Adobe公司官方网站获取快捷键设置支持。

【更新】：可以对Premiere Pro CC软件在线检查和更新。

【关于Adobe Premiere Pro】：可以提供Adobe Premiere Pro软件的信息、专利和法律声明
信息。

2.3 功能面板

Premiere Pro CC软件有采集素材、编辑素材、显示素材、创建字幕和设置特效等功能，而这
些功能根据自身特性进行分类组织，被放入不同的面板中。一般打开软件后，就会看到【效果】面
板、【工具】面板、【节目监视器】面板和【时间轴】面板等，如图2-11所示。除了这些显示的面
板外，还有更多的功能面板可以在窗口菜单中打开，如图2-12所示。

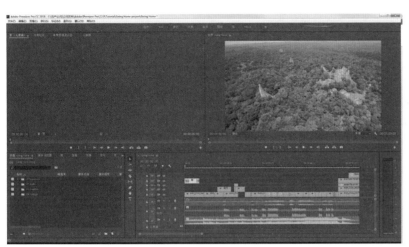

图2-11　　　　　　　　　　　　　　图2-12

2.3.1　Adobe Story面板

　　Adobe Story面板主要用于导入在Adobe Story中创建的脚本，以及关联元数据，以便进行编辑，如图2-13所示。

2.3.2　【Lumetri 范围】面板

　　【Lumetri 范围】面板主要用于显示Lumetri 颜色范围，如图2-14所示。

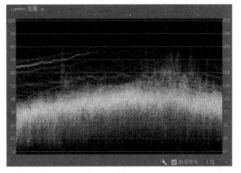

图2-13　　　　　　　　　　　　　图2-14

2.3.3　【Lumetri 颜色】面板

　　【Lumetri颜色】面板包括高动态范围 (HDR) 模式，可在高光和阴影中显示视频的丰富细节，如图2-15所示。

2.3.4 【事件】面板

【事件】面板主要用来识别和排除问题的警告、错误消息及其他信息，如图2-16所示。

2.3.5 【信息】面板

【信息】面板主要用于查看所选素材的详细信息，如图2-17所示。

图2-15　　　　　　　　　　　　图2-16　　　　　　　　　　　　图2-17

2.3.6 【元数据】面板

【元数据】面板主要用于显示所选素材的元数据，如图2-18所示。

2.3.7 【历史记录】面板

【历史记录】面板主要用于记录操作信息，可以删除一项或多项历史操作，如图2-19所示。

图2-18　　　　　　　　　　　　　　　　　图2-19

2.3.8 【参考监视器】面板

【参考监视器】面板相当于一个辅助监视器，多与【节目监视器】面板比较查看序列的图像信息，如图2-20所示。

2.3.9 【基本图形】面板

【基本图形】面板主要提供功能强大的标题制作和动态图形工作流程，可以创建标题、品牌标识和其他图形，以及动态图形模板，如图2-21所示。

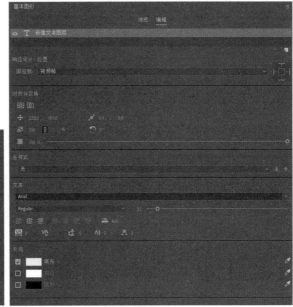

图2-20　　　　　　　　　　　　　　　　　　图2-21

2.3.10 【基本声音】面板

　　【基本声音】面板主要用于提供混合技术和修复选项的一整套工具集，如图2-22所示。

2.3.11 【媒体浏览器】面板

　　【媒体浏览器】面板主要用于快速浏览计算机中的其他素材文件，方便对文件的预览和快速导入项目中，如图2-23所示。

图2-22　　　　　　　　　　　　　　　　　　图2-23

2.3.12 【字幕】面板

　　【字幕】面板包括【字幕动作】、【字幕属性】、【字幕工具】、【字幕样式】和【字幕设计器】5个面板，主要是用于编辑文字和图形，如图2-24所示。

图2-24

2.3.13 【工作区】面板

　　【工作区】面板主要用于显示工作区布局模式，如图2-25所示。

图2-25

2.3.14 【工具】面板

【工具】面板主要用于在时间轴中编辑素材，如图2-26所示。

图2-26

2.3.15 【库】面板

【库】面板主要用于在Creative Cloud Libraries应用程序中寻找共享资源，如图2-27所示。

图2-27

2.3.16 【捕捉】面板

【捕捉】面板主要用于采集所摄录音视频素材，如图2-28所示。

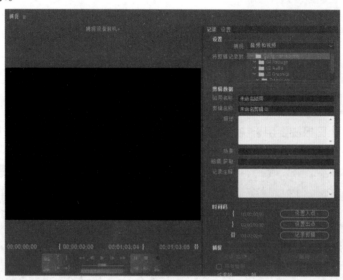

图2-28

2.3.17 【效果】面板

【效果】面板提供多个音视频特效和过渡特效，根据类型不同分别归纳在不同的文件夹中，方便选择操作使用，如图2-29所示。

图2-29

2.3.18 【效果控件】面板

【效果控件】面板显示素材固有的效果属性，并可以设置属性参数变化，从而产生动画效果，如图2-30所示。也可添加【效果】面板中的特效。

2.3.19 【时间码】面板

【时间码】面板用于显示时间码，如图2-31所示。

图2-30

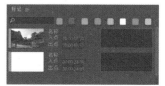

图2-31

2.3.20 【时间轴】面板

【时间轴】面板又称为【时间线】面板，主要用于排放、剪辑或编辑音视频素材，是视频编辑的主要操作区域，如图2-32所示。

2.3.21 【标记】面板

【标记】面板主要用于查看素材的标记信息，如图2-33所示。

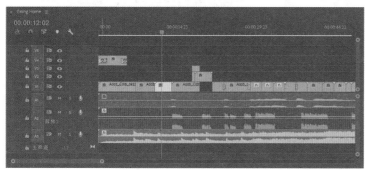

图2-32

图2-33

2.3.22 【源监视器】面板

【源监视器】面板主要用于预览素材，设置素材的入点和出点，以方便剪辑，如图2-34所示。

2.3.23 【编辑到磁带】面板

【编辑到磁带】面板可以在磁带中反复编辑，如图2-35所示。

2.3.24 【节目监视器】面板

【节目监视器】面板主要用于显示时间轴中的编辑效果，如图2-36所示。

图2-34

图2-35

图2-36

2.3.25 【进度】面板

【进度】面板主要用于显示项目进度。

2.3.26 【音轨混合器】面板

【音轨混合器】面板主要用于对素材的音频轨道进行听取和调整，如图2-37所示。

2.3.27 【音频仪表】面板

【音频仪表】面板主要用于显示播放素材音量，如图2-38所示。

图2-38

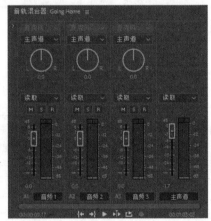

图2-37

2.3.28 【音频剪辑混合器】面板

【音频剪辑混合器】面板主要用于检查编辑各音轨的混音效果，如图2-39所示。

2.3.29 【项目】面板

【项目】面板主要用于创建、存放和管理音视频素材，可以对素材进行分类显示、管理预览，如图2-40所示。

图2-39

图2-40

第3章
项目管理

- 项目设置
- 导入素材
- 创建元素
- 管理素材
- 本章练习：魔弦传说

本章主要是对Premiere Pro CC的项目设置、导入素材、创建元素和管理素材等进行详细介绍。掌握合理的项目设置、导入素材和管理素材的方法，可以更为有效地优化制作步骤，提高制作效率。

3.1　项目设置

项目设置是对项目的创建、存储、打开、移动和删除等操作的设置。

3.1.1　新建项目

要想创建一个新的项目，可以打开Premiere Pro CC软件，在【开始】对话框中，单击【新建项目】按钮，如图3-1所示。

图3-1

或者从菜单中创建一个新的项目。执行【文件】→【新建】→【项目】菜单命令，如图3-2所示。

图3-2

3.1.2　【新建项目】对话框

执行完【新建项目】命令后，弹出【新建项目】对话框。【新建项目】对话框中包含【常规】、【暂存盘】和【收录设置】3个选项卡，可以设置项目的名称、常规参数和暂存盘位置等信息，如图3-3所示。

1.【常规】选项卡

在【常规】选项卡中，可以设置项目名称、位置和音视频显示格式等。

※ 参数详解

【名称】：项目文件的名称。

【位置】：项目文件的存储位置。

【视频渲染和回放】：指定是否启用Mercury Playback Engine的软件或硬件功能。如果安装了合格的CUDA卡，将启用Mercury Playback Engine的硬件渲染和回放选项。

【视频显示格式】：可以显示多种时间码格式。

【音频显示格式】：指定音频时间显示是使用音频采样还是使用毫秒来度量。

【捕捉格式】：有关设置采集格式的信息。

图3-3

2. 【暂存盘】选项卡

当编辑项目时，Premiere Pro CC会使用磁盘空间来存储项目所需的文件。所有暂存盘首选项将随每个项目一起保存。在【暂存盘】选项卡中，可以为不同的项目设置不同的暂存盘位置，以提高系统性能，如图3-4所示。

※ 参数详解

【捕捉的视频】：指定采集所创建的视频文件的磁盘空间位置。

【捕捉的音频】：指定采集所创建的音频文件，或在录制画外音时通过调音台录制的音频文件的磁盘空间位置。

【视频预览】：使用【序列】→【渲染工作区域内的效果】命令导出到影片文件或导出到设备时，创建视频预览文件的磁盘空间位置。如果预览区域包括效果，将以预览文件的完整质量渲染效果。

图3-4

【音频预览】：使用【序列】→【渲染工作区域内的效果】命令导出到影片文件或导出到设备时，创建音频预览文件的磁盘空间位置。如果预览区域包括效果，将以预览文件的完整质量渲染效果。

【项目自动保存】：指定项目自动保存时的磁盘空间位置。

【CC库下载】：指定从Adobe CC库下载文件的磁盘空间位置。

【动态图形模板媒体】：指定存放动态图形模板的磁盘空间位置。

3. 【收录设置】选项卡

在【收录设置】选项卡中，可以进行项目文件夹同步到云的设置，如图3-5所示。

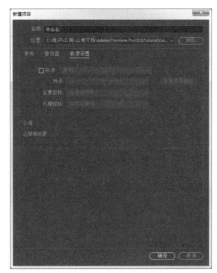

图3-5

3.1.3 打开项目

在Premiere Pro CC软件中，一次只能打开一个项目。Premiere Pro CC可以打开使用早期版本创建的项目文件。要将一个项目的内容传递到另一个项目，则需使用【导入】命令。

在打开项目后，如果有缺失的文件，就会弹出【链接媒体】对话框，如图3-6所示。

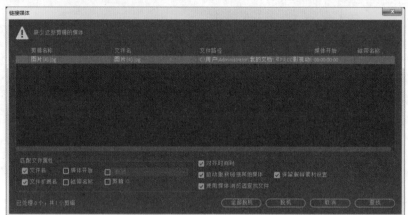

图3-6

※ 参数详解

【全部脱机】：除了已找到的文件外，将其他所有缺失文件替换为脱机文件。

【脱机】：将缺失文件替换为脱机文件。

【取消】：关闭对话框，并将缺失文件替换为临时脱机文件。

【查找】：在【查找文件】对话框中寻找。

3.1.4 删除项目

要想删除Premiere Pro CC软件创建的项目，就需要在Windows资源管理器中，浏览到Premiere Pro CC项目文件并将其选中，然后按【Delete】键，将其删除。Premiere Pro CC项目文件的扩展名为".prproj"，如图3-7所示。

3.1.5 移动项目

要将项目移至另一台计算机以继续进行编辑，必须将项目所有资源的副本以及项目文件移至另一台计算机。资源应保留其文件名和文件夹

图3-7

位置，以便 Premiere Pro CC Pro 能自动找到它们并将其重新链接到项目中的相应素材上。

同时确保用户在第一台计算机上对项目使用的编解码器与第二台计算机上安装的编解码器相同。

3.1.6 项目管理

项目管理就是将项目文件进行整合和归档，以便移动到其他位置，或者与其他团队合作交流。项目管理可以有效管理项目和素材，尤其是具有许多素材和不同素材格式的大型项目。在管理项目时，可以轻松地收集存储在各个位置的项目源媒体文件，并将其复制到一个位置以便移动或共享。

利用【文件】菜单下的【项目管理】命令可以对项目进行有效的管理。在打开的【项目管理器】对话框中可以很方便地进行项目的整合和归档，如图3-8所示。

3.2　导入素材

导入素材就是将计算机中已有的素材导入Premiere Pro CC软件中。导入的素材都会放置在【项目】面板中，以便编辑使用，如图3-9所示。

一般导入素材的方法有4种，利用【文件】菜单导入素材、利用【媒体浏览器】面板导入素材、利用【项目】面板导入素材和将素材直接拖动进【项目】面板中。

【课堂练习】：导入素材

❶ 利用【文件】菜单导入素材。执行【文件】→【导入】菜单命令，如图3-10所示。

❷ 在弹出的【导入】对话框中，查找素材路径。

❸ 选择"图片(1).jpg"素材文件，并单击【打开】按钮，如图3-11所示。

图3-8

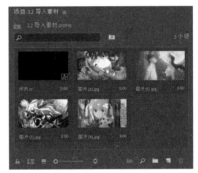

图3-9

图3-10

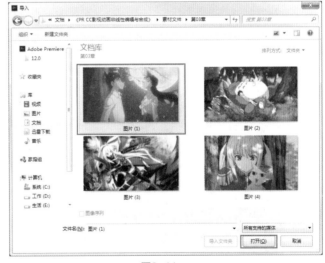

图3-11

❹ 在弹出的【导入文件】对话框中，会显示文件的导入进度，如图3-12所示。

❺ 继续利用【媒体浏览器】面板导入素材。执行【窗口】→【媒体浏览器】菜单命令，如图3-13所示。

图3-12   图3-13

6 在打开的【媒体浏览器】面板中，查找"图片(2).jpg"素材文件路径并查看文件，如图3-14所示。

7 选中"图片(2).jpg"素材文件，执行右键菜单中的【导入】命令，或将文件拖动至【项目】面板中。

8 继续利用【项目】面板导入素材。双击【项目】面板的空白处，如图3-15所示。

图3-14   图3-15

9 在弹出的【导入】对话框中，查找并选择"图片(3).jpg"素材文件，并单击【打开】按钮。

10 将素材直接拖动进【项目】面板中。在计算机的资源管理器中找到"图片(4).jpg"素材文件。

11 选择"图片(4).jpg"素材文件，将其拖动到【项目】面板中，如图3-16所示。

图3-16

12 在【项目】面板中，查看导入效果，如图3-17所示。

【课堂练习】：导入图像序列

1 执行【文件】→【导入】菜单命令，查找文件路径，并检查文件名称，如图3-18所示。

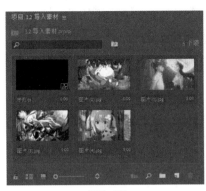

图3-17

图3-18

2 在【导入】对话框中勾选【图像序列】复选框，选择首个编号文件"导弹00.jpg"素材文件，然后单击【打开】按钮，如图3-19所示。

3 在【项目】面板中，查看名称为"导弹00.jpg"的视频文件，如图3-20所示。

图3-19

图3-20

3.3 创建元素

在编辑过程中除了需要对原始素材进行编辑操作外，许多时候还需要添加适当的元素，以便达到更好的效果。而Premiere Pro CC中就提供了一些常用的元素，以方便用户的使用。利用【项目】面板中的【新建项】命令，或【文件】菜单中的【新建】命令可以创建许多常用的元素，包括【彩条】、【黑场视频】、【字幕】、【颜色遮罩】、【HD彩条】、【通用倒计时片头】和【透明视频】等，如图3-21所示。

【课堂练习】：添加通用倒计时片头

1 单击【项目】面板右下角的【新建项】按钮，然后执行【通用倒计时片头】命令，如图3-22所示。

图3-21

2 在弹出的【新建通用倒计时片头】对话框中，单击【确定】按钮，如图3-23所示。

图3-22　　　　　　　　　　　　　　　　　图3-23

3 在弹出的【通用倒计时设置】对话框中，单击【擦除颜色】右侧的颜色块设置颜色，如图3-24所示。

4 在弹出的【拾色器】对话框中，设置颜色为红色(255,0,0)，如图3-25所示。

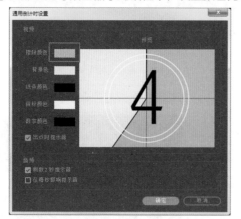

图3-24　　　　　　　　　　　　　　　　　图3-25

5 在【通用倒计时设置】对话框中，继续更改其他颜色，如图3-26所示。

6 在【通用倒计时设置】对话框中，勾选【在每秒都响提示音】复选框，并单击【确定】按钮，如图3-27所示。

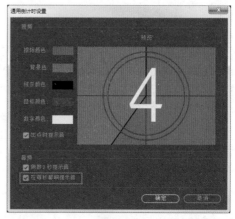

图3-26　　　　　　　　　　　　　　　　　图3-27

7 将【项目】面板中的【通用倒计时片头】拖动至【源监视器】中，查看效果，如图3-28所示。

3.4 管理素材

导入素材后，就需要在【项目】面板中对文件分类管理，以便快速选择适合的素材操作。

3.4.1 显示素材

导入的素材都会在【项目】面板中显示，而【项目】面板中提供了【列表视图】和【图标视图】两种不同的显示方式，以便用户选择使用，如图3-29所示。

默认的显示方式为【列表视图】显示，此方式可以快捷地查看素材的名称、标签颜色、视频持续时间、视频信息和帧速率等多项属性，如图3-30所示。

素材以【图标视图】方式显示，指素材以缩略图的方式显示，方便查看素材的画面内容，如图3-31所示。

图3-28

图3-29

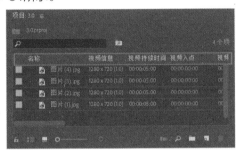

图3-30

图3-31

3.4.2 缩放显示

在【项目】面板中可以调整素材图标的显示大小。单击【项目】面板下方的滑动滑块，即可调整图标大小，如图3-32所示。

3.4.3 预览素材

在【项目】面板的预览区域中，可以预览选中的素材，如图3-33所示。在【项目】面板菜单中，选择【预览区域】选项，可以显示预览区域。

3.4.4 素材标签

标签是指可以识别和关联素材的颜色。在【项目】面板中素材会根据类型自动匹配标签颜

图3-32

图3-33

色,以方便用户分类查找素材,如图3-34所示。用户也可以根据自身需要或喜好,更改素材标签颜色。

3.4.5 重命名素材

有些素材可以重新命名,以方便查找或管理。在【项目】面板中,在素材上执行右键菜单中的【重命名】命令,或者双击素材名称,都可为素材重新命名,如图3-35所示。

图3-34

3.4.6 查找素材

在【项目】面板中,在搜索框中输入要查找素材的全部或部分名称,即可显示所有包含关键字的素材,如图3-36所示。也可以单击【项目】面板中的【查找】按钮,在【查找】对话框中进行查找。

图3-35

3.4.7 删除素材

删除多余的素材可以减轻素材管理的复杂程度。在【项目】面板中,选择要删除的素材后,单击面板中的【Backspace】按钮,或按键盘上的【Delete】键,即可删除素材,如图3-37所示。需要注意的是,【项目】面板中素材被删除的同时,序列中相对应的素材也将被删除。

图3-36

3.4.8 替换素材

在制作项目时,可以使用一个素材替换另一个素材,同时不影响源素材的编辑效果。

【课堂练习】:替换素材

1 将【项目】面板中的"图片(1).jpg""图片(2).jpg"和"图片(3).jpg"素材拖动到【时间轴】面板的视频轨道【V1】上,如图3-38所示。

图3-37

图3-38

2 激活【效果】面板，在搜索栏中输入"黑白"，并按【Enter】键，如图3-39所示。

3 将【效果】面板中的【黑白】效果拖动到视频轨道【V1】的"图片(2).jpg"素材上，如图3-40所示。

图3-39

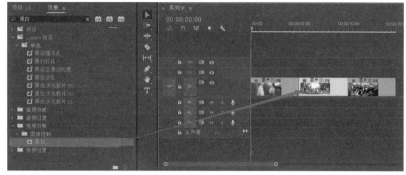

图3-40

4 选择【项目】面板中的"图片(2).jpg"素材，执行右键菜单中的【替换素材】命令，如图3-41所示。

5 在弹出的对话框中，选择要替换的"图片(4).jpg"素材，并单击【选择】按钮，如图3-42所示。

图3-41

图3-42

6 查看替换后的效果，如图3-43所示。

图3-43

3.4.9　移除未使用素材

在【项目】面板中移除未使用的素材，可以简化素材选择，方便管理，同时也减轻操作压力。执行【编辑】→【移除未使用资源】菜单命令，即可移除未使用素材。

3.4.10　序列自动化

序列自动化可以将素材按照设置好的方式排列到序列中。在【项目】面板下方有【自动匹配到序列】按钮，如图3-44所示。单击【自动匹配到序列】按钮后，可在【序列自动化】对话框中设置操作参数，如图3-45所示。

图3-44

※ 参数详解

【顺序】：设置素材在时间轴轨道上的排列方式。

【放置】：设置素材在时间轴轨道上的放置方式。

【方法】：设置素材到时间轴轨道上的添加方式。

【剪辑重叠】：设置素材之间转场特效的默认时间。

【使用入点/出点范围】：设置静止素材的持续时间为默认的出入点之间。

【每个静止剪辑的帧数】：设置静止素材的持续时间。

【应用默认音频过渡】：勾选该复选框，添加默认音频过渡效果。

【应用默认视频过渡】：勾选该复选框，添加默认视频过渡效果。

图3-45

【忽略音频】：勾选该复选框，设置素材到时间轴轨道上时，音频部分会被忽略掉。

【忽略视频】：勾选该复选框，设置素材到时间轴轨道上时，视频部分会被忽略掉。

3.4.11　脱机文件

脱机文件是当前项目中不可用的素材文件。文件不可用的原因有多种可能性，包括文件损坏删除、文件名称改变和文件路径改变等多种原因，都可以导致文件不可用。脱机文件在【源监视器】和【节目监视器】面板上会显示素材脱机信息，如图3-46所示。脱机文件重新链接媒体素材后，便可重新使用。

图3-46

3.4.12　文件夹管理

在【项目】面板中可以使用文件夹，将素材分类管理，方便使用。单击【项目】面板右下方的【新建素材箱】按钮，便可创建文件夹，如图3-47所示。

图3-47

3.5　本章练习：魔弦传说

3.5.1　案例思路

(1) 将序列素材、音频素材和图片素材以多种方式导入软件项目中。

(2) 对素材进行查看并管理素材。

(3) 运用【自动匹配序列】功能将素材放置在时间轴上。

(4) 删除多余的素材。

3.5.2　制作步骤

1. 设置项目

1 打开Premiere Pro CC软件，在【开始】界面上单击【新建项目】按钮，如图3-48所示。

2 在【新建项目】对话框中，输入项目名称为"魔弦传说"，并设置项目存储位置，单击【确定】按钮，如图3-49所示。

图3-48

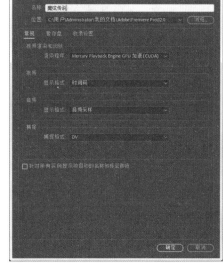

图3-49

3 新建序列。在【新建序列】对话框中，设置序列格式为【HDV】→【HDV 720p25】，【序列名称】为"魔弦传说"，如图3-50所示。

4 双击【项目】面板的空白处，在【导入】对话框中选择序列素材。选中序列素材的首个文件"片头00.jpg"素材，勾选【图像序列】复选框，将序列素材导入，如图3-51所示。

5 执行【文件】→【导入】菜单命令，在【导入】对话框中选择"魔弦传说01"～"魔弦传说14"图片素材，将其导入，如图3-52所示。

图3-50

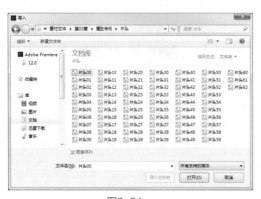

图3-51　　　　　　　　　　　　　　　　　　图3-52

6 将"背景音乐.mp3"文件从资源管理器中拖动到【项目】面板中，如图3-53所示。

图3-53

2. 管理素材

1 在【项目】面板中，以列表的形式显示素材，并查看素材的名称、标签、媒体持续时间、帧速率、视频持续时间、视频入点和视频出点等属性信息，如图3-54所示。

2 在【项目】面板中，单击【新建素材箱】按钮，设置名称为"图片素材"，然后将"魔弦传说01"至"魔弦传说14"图片素材拖动到文件夹中，如图3-55所示。

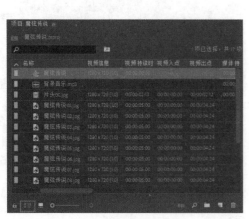

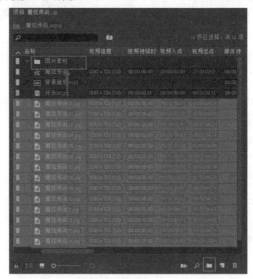

图3-54　　　　　　　　　　　　　　　　　　图3-55

3. 自动匹配序列

1 先选择"片头00.jpg"序列，再加选"图片素材"文件夹，单击【自动匹配序列】按钮，如图3-56所示。

2 在弹出的【序列自动化】对话框中，设置【剪辑重叠】为"24帧"，选中【每个静止剪辑的帧数】单选按钮，并设置为"74帧"，如图3-57所示。

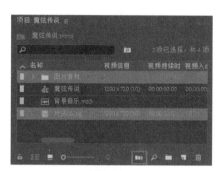

图3-56

图3-57

4. 设置时间轴序列

1 将"背景音乐.mp3"素材文件拖动至音频轨道【A1】上，如图3-58所示。

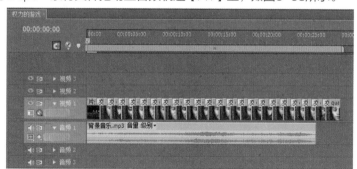

图3-58

2 选择时间轴00:00:24:00位置右侧的最后3个素材，按【Delete】键，将其删除，如图3-59所示。

图3-59

5. 查看最终效果

在【节目监视器】面板上查看最终动画效果，如图3-60所示。

图3-60

第4章
序列编辑

- 使用【时间轴】面板
- 【时间轴】面板控件
- 轨道操作
- 设置新序列
- 序列中添加素材
- 序列中编辑素材
- 渲染和预览序列
- 本章练习：动画变速

序列是素材编辑的主要操作载体，因此学习好序列的编辑技巧，可以提高项目制作效率。本章主要对序列编辑进行全方位详细介绍，了解设置序列、更改序列、操作序列和渲染预览序列等操作方法和技巧。

4.1　使用【时间轴】面板

在【项目】面板中，双击要打开的序列，即在【时间轴】面板中打开所选序列，如图4-1所示。在【时间轴】面板中可以打开一个或多个序列。也可将多个序列在不同的【时间轴】面板中打开。

图4-1

4.2　【时间轴】面板控件

【时间轴】面板包含多个用于在序列的各帧之间移动操作的控件，如图4-2所示。

※ 参数详解

时间标尺：水平测量序列时间。指示序列时间的刻度线和数字沿标尺显示，并会根据用户查看序列的细节级别而变化。

当前时间指示器：又名"播放指示器"或"当前时间轴指示器"等，表示【节目监视器】

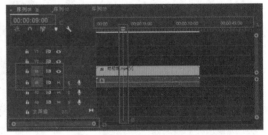

A. 时间标尺，B. 当前时间指示器，C. 播放指示器位置，
D. 缩放滚动条，E. 源轨道指示器

图4-2

中显示的当前帧。【当前时间指示器】是时间标尺上黄色的盾牌型，红色的垂直指示线一直延伸到时间标尺的底部。可以通过拖动【当前时间指示器】更改当前时间。

播放指示器位置：又名"当前时间显示"，在【时间轴】面板中显示当前帧的时间码。

缩放滚动条：用于调整【时间轴】面板中时间标尺的可见区域。

源轨道指示器：用于指定【源监视器】面板中的素材，要插入或覆盖的轨道。

4.2.1　使用缩放滚动条

将缩放滚动条扩展至最大宽度时，将显示时间标尺的整个持续时间。收缩缩放滚动条可将当前显示区域放大，从而显示更加详细的时间标尺视图。扩展和收缩缩放滚动条，均将以【当前时间指示器】为中心。

将鼠标指针置于缩放滚动条上，然后滚动鼠标滚轮，可以扩展或收缩缩放滚动条。在缩放滚动条以外的区域滚动鼠标滚轮，可以移动缩放滚动条。

拖动缩放滚动条的中心，可以滚动时间标尺的显示区域，并且不改变显示比例。在拖动缩放滚动条时，【当前时间指示器】不会跟随移动。一般是先通过拖动缩放滚动条改变时间标尺的显示区域，然后在显示区域中单击，将【当前时间指示器】移动到当前区域。

4.2.2 将【当前时间指示器】移动至【时间轴】面板中

在【时间轴】面板中查看序列详细内容时，【当前时间指示器】经常不在显示区域中，通过以下方式可以将【当前时间指示器】快速移动至【时间轴】面板显示区域中。

◆ 在时间标尺中拖动【当前时间指示器】，或者在【时间轴】面板显示区域中单击。

◆ 将鼠标指针置于播放指示器位置上，并拖动鼠标指针即可。

◆ 在播放指示器位置中输入当前区域的时间码即可。

◆ 使用【节目监视器】中的播放控件。

◆ 利用键盘上的左右方向键，可以将【当前时间指示器】向左或向右移动1帧，如果配合【Shift】键使用，则可移动5帧。

4.2.3 使用播放指示器位置移动【当前时间指示器】

在播放指示器位置中输入新的时间码，可以快速又精准地将【当前时间指示器】移动到新时间码位置。在播放指示器位置中，使用一些技巧可以将【当前时间指示器】快速移动到想要的位置上。

◆ 直接输入数字。例如，在【播放指示器位置】中输入数字"123"，则代表【当前时间指示器】会移动到时间码为00:00:01:23或00；00；01；23的位置上。

◆ 输入正常值以外的值。例如，对于我国的25帧/秒DV PAL格式，如果当前时间为00:00:01:23，若要想向后移动10帧，可以在【播放指示器位置】中，将时间码更改为00:00:01:33，则【当前时间指示器】会移动到时间码为00:00:02:08的位置上。

◆ 使用加号(+)或减号(−)。如果在数字前面有加号或减号，则表示【当前时间指示器】会向右或向左移动。例如，"+123"表示将【当前时间指示器】向右移动123帧。

◆ 添加句号。在数字前面添加一个句号，则表示精准的帧编号，而不是省略冒号和分号的时间码。例如，对于我国的25帧/秒DV PAL格式，在【播放指示器位置】中输入".123"，则代表【当前时间指示器】会移动到时间码为00:00:04:23的位置上。

4.2.4 设置序列开始时间

默认情况下，每个序列的时间标尺都是从0开始显示的，并根据【显示格式】显示指定的时间码格式测量时间。但用户可以根据需要在【起始时间】对话框中修改序列的开始时间，如图4-3所示。有些动画或视频项目都是将第1帧作为起始帧，因此需要修改开始时间。

图4-3

4.2.5 对齐素材边缘和标记

在【时间轴】面板中，把【吸附】按钮激活时，【当前时间指示器】和素材就可以快速对齐到素材的边缘和标记的位置，如图4-4所示。

按住【Shift】键的同时拖动【当前时间指示器】，则可以快速将其移动到素材的边缘和标记的位置。

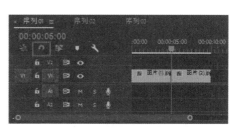

图4-4

4.2.6 缩放查看序列

在【时间轴】面板中，快速缩放序列的显示区域，可以更为有效地从整体或局部的方式查看序列内容。通过以下方式可以在【时间轴】面板中放大或缩小序列。

◆ 使用键盘快捷键。激活【时间轴】面板后，按大键盘中的【－】键和【＝】键，可以放大或缩小序列。按【－】键是缩小序列，按【＝】键则是放大序列。

◆ 使用缩放滚动条。调整缩放滚动条控件，使缩放滚动条变宽或变窄，可以放大或缩小序列。

◆ 使用【Alt】键和鼠标滚轮。按住【Alt】键的同时再滚动鼠标滚轮，这样鼠标指针所在的位置就会放大或缩小了。

◆ 使用反斜线键(【\】键)。使用【\】键可以将完整序列显示在【时间轴】面板中。当再次按下【\】键时，返回上一次显示比例。

4.2.7 水平滚动序列

如果素材序列较长，许多素材都不会被显示出来。通过以下方式可以在【时间轴】面板中查看未显示的素材序列。

◆ 使用鼠标滚轮。滚动鼠标滚轮，即可水平滚动序列，查看未显示的序列。

◆ 使用键盘快捷键。使用【Page Up】键或【Page Down】键，可以使序列显示区域向左移动，或向右移动。

◆ 使用缩放滚动条。向左或向右拖动缩放滚动条，可以使序列显示区域向左移动，或向右移动。

4.2.8 垂直滚动序列

如果序列中存在多个视频和音频轨道，这些轨道堆叠在【时间轴】面板中。使用【时间轴】面板中的滚动条可以调整显示区域。

拖动滚动条或在滚动条上滚动鼠标滚轮，均可以改变显示序列的轨道。

4.3 轨道操作

【时间轴】面板中有视频和音频轨道，对这些轨道进行编辑操作，可以排列序列中素材、编辑素材和添加特殊效果。根据需要可以添加或移除轨道、重新命名轨道，以及进行其他轨道操作。

4.3.1 添加轨道

可以在轨道的头部，执行右键菜单中的【添加单个轨道】和【添加轨道】等命令，如图4-5所示。在弹出的【添加轨道】对话框中，可以设置添加轨道的类型、数量和位置等，如图4-6所示。

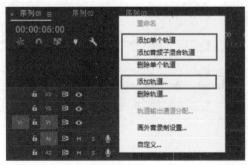

图4-5

图4-6

向序列添加素材时，可以直接添加轨道。将素材直接拖动至【时间轴】面板的空白处，就可以直接添加轨道。

4.3.2 删除轨道

根据需要可以同时删除一条或多条音视频轨道，或者删除音视频的空闲轨道。在轨道的头部，执行右键菜单中的【删除轨道】或者【删除单个轨道】命令，即可达到效果，如图4-7所示。

执行【删除单个轨道】命令可以直接删除当前的轨道。而执行【删除轨道】命令，则可以在【删除轨道】对话框中，设置删除轨道的类型和位置等，如图4-8所示。

图4-7

图4-8

【课堂练习】：添加和删除轨道

1 将【项目】面板中的"图片(1).jpg""图片(2).jpg"和"图片(3).jpg"素材，依次拖动到视频轨道【V3】上方的空白处，如图4-9所示。

2 在【时间轴】面板中轨道的头部，执行右键菜单中的【删除轨道】命令，如图4-10所示。

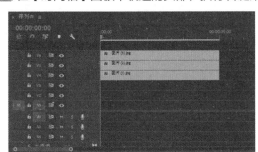

图4-9

图4-10

3 在【删除轨道】对话框中，勾选【删除视频轨道】和【删除音频轨道】复选框，并在轨道类型中选择【所有空轨道】选项，如图4-11所示。

4 查看轨道删除后的效果，如图4-12所示。

图4-11

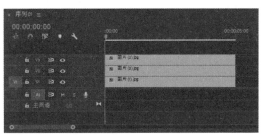

图4-12

4.3.3 重命名轨道

根据需要可以对轨道重新命名。首先要展开轨道，露出轨道名称，然后在轨道名称上执行右键菜单中的【重命名】命令即可，如图4-13所示。

图4-13

4.3.4 同步锁定

通过对轨道使用【同步锁定】功能，指定当执行【插入】和【波纹删除】等命令时受影响的轨道。将【同步锁定】功能图标显示在【切换同步锁定】框中，则【同步锁定】功能被启用，如图4-14所示。

对于编辑中的轨道，无论其【同步锁定】功能是否开启，轨道里被编辑的素材都会发生移动。但是其他轨道只有在【同步锁定】功能被启用时，才会移动素材内容。

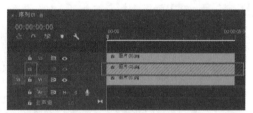

图4-14

例如，执行【插入】命令时，想将素材插入视频轨道【V1】中，而其他轨道都受影响，只有视频轨道【V2】不受影响。则需要将所有轨道的【同步锁定】功能启用，而只将视频轨道【V2】的【同步锁定】功能关闭即可。

4.3.5 轨道锁定

通过锁定指定的轨道，可以防止该轨道序列的编辑内容被更改。将【轨道锁定】功能图标显示在【切换轨道锁定】框中，则【轨道锁定】功能被启用，锁定后的轨道会显示斜线图案，如图4-15所示。

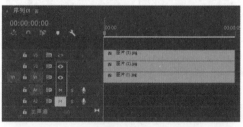

图4-15

4.3.6 轨道输出

根据需要可以选择一条或多条音视频轨道的内容是否需要输出。在需要输出的视频轨道的【切换轨道输出】框中，显示眼睛图标；而在需要输出的音频轨道的【静音轨道】框中，静音图标是关闭的，如图4-16所示。

图4-16

4.3.7 目标轨道

根据需要可以选择一条或多条音视频轨道作为目标轨道，目标轨道的轨道头区域会高亮显示，如图4-17所示。将某一素材添加到序列时，可以指定一条或多条轨道为放置素材的轨道，即为目标轨道。可以将多条轨道设置为目标轨道。

图4-17

4.3.8 指派源视频

使用源轨道预设可以控制素材执行【插入】和【覆盖】操作的轨道。在轨道头的右键菜单中，勾选【分配源V1】命令，即可预设源轨道，如图4-18所示。

Premiere Pro CC将源指示器与目标轨道分离开来。对于【插入】和【覆盖】操作，使用源轨道指示器。对于【粘贴】和【匹配帧】以及其他编辑操作，将使用轨道目标。

源轨道指示器为开启状态时，相应的轨道会在编辑操作中。

源轨道指示器为黑色状态时，相应的轨道会出现一个间隙，而不会放入源素材，如图4-19所示。

图4-18

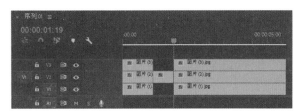

图4-19

4.4 设置新序列

在项目中，需要创建序列，以便进行操作使用。序列的设置是根据制作要求和素材特点而设置的。

4.4.1 创建序列

创建预设序列时，可以执行【文件】→【新建】→【序列】菜单命令，或者在【项目】面板中执行【新建项目】→【序列】命令，如图4-20所示。选择或设置好序列后，只需在【序列名称】处输入名称，单击【确定】按钮，即可完成序列创建。

如需根据指定素材创建新的序列，则可使用以下3种方法。

◆ 选择指定素材，执行【文件】→【新建】→【序列来自素材】菜单命令。

◆ 选择指定素材，执行右键菜单中的【由当前素材新建序列】命令。

◆ 将素材拖动至【项目】面板中的【新建项目】按钮 上，如图4-21所示。

图4-20

4.4.2 序列预设和设置

在Premiere Pro CC中提供了大量的序列预设，这些预设都是常用的视频格式。用户可以从标准的序列预设中进行选择，或者自定义一组序列设置。

创建序列将会打开【新建序列】对话框。【新建序列】对话框包含4个选项卡，分别是【序列预设】、【设置】、【轨道】和【VR视频】，如图4-22所示。

图4-21

创建的预设最好尽可能与素材属性相一致，
这样才会达到软件的最佳性能。需要了解的属性
参数有很多，例如录制格式、文件格式、像素纵
横比和时基等。

◆ 录制格式(如 DV 或 DVCPROHD)

◆ 文件格式(如 AVI、MOV 或 VOB)

◆ 帧长宽比(如 16:9 或 4:3)

◆ 像素长宽比(如 1.0 或 0.9091)

◆ 帧速率

◆ 时基

◆ 场(如逐行或隔行)

◆ 音频采样率

◆ 视频编解码器

◆ 音频编解码器

图4-22

1.【序列预设】选项卡

【序列预设】选项卡里包含【可用预设】和
【预设描述】。在【可用预设】中包含大多数典
型的序列类型的正确设置。而【预设描述】是对
所选预设序列类型的详细描述。

【序列预设】选项卡里包含许多最为常用的
序列类型。例如，我国使用的DV-PAL、北美使
用的DV-NTSC，以及现在比较流行的高清HDV
等，如图4-23所示。

2.【设置】选项卡

【设置】选项卡里包含序列的基本属性参
数，如图4-24所示。

※ 参数详解

【编辑模式】：用于编辑和预览文件的视频
格式。

【时基】：用于计算每个编辑点的时间位置的
时间。与帧速率不同，但一般会设置为同一数值。

【帧大小】：以像素为单位，用于指定播放
序列时帧的尺寸。

【像素长宽比】：用于为单个像素设置长
宽比。

【场】：用于指定场的顺序，或在每个帧中
绘制的第一个场选择。

【显示格式】(视频)：用于在多种时间码格式
中选择显示格式。

【采样率】：用于选择播放序列音频时的
速率。

图4-23

图4-24

【显示格式】(音频)：指定音频时间显示是使用音频采样还是使用毫秒来度量。

【预览文件格式】：选择一种能在提供最佳品质预览的同时，将渲染时间和文件大小保持在系统允许的容限范围之内的文件格式。对于某些编辑模式，只提供了一种文件格式。

【编解码器】：指定用于为序列创建预览文件的编解码器。

【宽度】：指定视频预览的帧宽度，受源素材的像素长宽比限制。

【高度】：指定视频预览的帧高度，受源素材的像素长宽比限制。

【重置】：清除现有预览，并为所有后续预览指定尺寸。

【最大位深度】：使序列中播放视频的色彩位深度达到最大值。

【最高渲染质量】：当从大格式缩放到小格式，或从高清晰度缩放到标准清晰度格式时，保持锐化细节。

【以线性颜色合成(要求GPU加速或最高渲染品质)】：使用线性颜色模式合成，利用GPU加速渲染，以达到最高渲染品质。

【保存预设】：保存了当前设置。可以在其中命名、描述和保存序列设置。

3.【轨道】选项卡

【轨道】选项卡里设置创建新序列的视频轨道数量、音轨的数量和类型，如图4-25所示。

4.【VR视频】选项卡

【轨道】选项卡里设置VR视频属性，如图4-26所示。

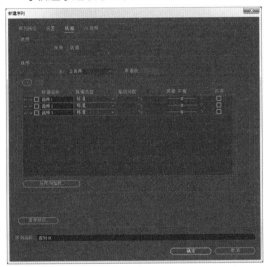

图4-25　　　　　　　　　　　　　　　　　　图4-26

4.5　序列中添加素材

将素材快速有效地添加到指定的序列中可以更好地提高制作效率。选择适合的方式方法就尤为重要。

4.5.1　添加素材到序列

将素材添加到序列中，以下几种方法较为常用。

◆ 将素材从【项目】面板或【源监视器】面板中，拖动到【时间轴】面板或【节目监视器】面板中。

◆ 单击【源监视器】中的【插入】和【覆盖】按钮，将素材添加到【时间轴】面板中，或者使用与这些按钮相关的键盘快捷键。

◆ 将素材在【项目】面板中自动组合序列，可以执行右键菜单中的【由当前素材新建序列】命令。

◆ 将来自【项目】面板、【源监视器】面板或【媒体浏览器】面板中的素材拖动到【节目监视器】面板中。

4.5.2 素材不匹配警告

将素材拖动至一个新的序列中时，如果素材与序列设置不匹配，将弹出【剪辑不匹配警告】对话框，询问是否更改序列设置，如图4-27所示。

图4-27

※ 参数详解

【更改序列设置】：单击此按钮，则序列设置会根据素材而改变，以匹配素材。

【保持现有设置】：单击此按钮，则序列设置不会发生变化，保持先前的设置。

4.5.3 添加音视频链接素材

将带有音视频链接的素材添加到序列中，该素材的视频和音频组件会显示在相应的轨道中。

要将素材的视频和音频部分拖到特定轨道，就将该素材从【源监视器】面板或【项目】面板中拖动至【时间轴】面板上。当该素材的视频部分位于所需的视频轨道上时，单击并按住【Shift】键，继续向下拖动并越过视频轨道与音轨之间的分隔条。当该素材的音频部分位于所需的音轨上时，就松开鼠标并松开【Shift】键。

4.5.4 替换素材

可以将【时间轴】面板中的一个素材替换为来自【源监视器】面板或是【项目】面板中的另一个素材，但同时保留已经应用的原始剪辑效果。

4.5.5 嵌套序列

嵌套序列只需要将【项目】面板或【源监视器】面板中的某个序列拖动到新序列的相应轨道中即可。或者选择要嵌套的素材，然后执行【素材】→【嵌套】菜单命令即可。

嵌套序列将显示为单一的音视频链接的素材，即使嵌套序列的源序列包含多条视频和音频轨道也是可以的。嵌套序列同其他素材一样，可以被编辑操作和应用效果。

【课堂练习】：嵌套序列

1️⃣ 将【项目】面板中的"图片(1).jpg""图片(2).jpg"和"图片(3).jpg"素材文件拖动至视频轨道【V1】上，如图4-28所示。

2️⃣ 选择序列中的全部素材文件，并执行右键菜单下的【嵌套】命令，如图4-29所示。

图4-28

图4-29

3 将"嵌套序列 01"素材文件上移至视频轨道【V2】上，将"图片(4).jpg"素材文件拖动到视频轨道【V1】上，并将出入点与"嵌套序列 01"素材文件对齐，如图4-30所示。

4 激活"嵌套序列 01"素材文件的【效果控件】面板，设置【缩放】为36.0，如图4-31所示。

图4-30

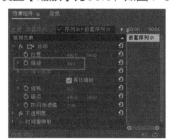

图4-31

5 在【节目监视器】面板上查看最终动画效果，如图4-32所示。

图4-32

4.6　序列中编辑素材

在序列中，素材的右键菜单中包含许多常用的编辑操作命令，例如启用、编组、解组、帧定格、速度/持续时间、调整图层和重命名等，如图4-33所示。而这些编辑操作命令，也可以在菜单栏中找到相对应的命令。这些命令强化了素材的编辑效果，使操作更便捷。

4.6.1　启用素材

启用素材就是正常显示使用的素材。不启用的素材文件显示为深色，如图4-34所示。不启用的素材文件不会显示在【节目监视器】、预览或导出的视频文件中。在处理复杂项目或编辑较大素材文件时，会影响软件操作或预览速度，因此可以暂时关掉部分素材文件的启用状态，以减轻软件压力提高速度。

4.6.2　解除和链接

解除和链接是将音视频文件分成两个单独的素材文件或组合成一个素材文件的操作，这样可以更方便地执行一些编辑操作。

1. 解除视音频链接

解除视音频链接就是将带有音视频链接的素材文件

图4-33

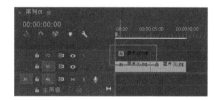

图4-34

拆分成一个音频文件和一个视频文件，两个素材文件单独使用。要解除素材的音视频链接，首先选中带有音视频链接的素材，然后执行【取消链接】命令即可。

2. 链接视频和音频

链接视频和音频就是将一个音频素材与一个视频素材链接在一起，组成一个带有音视频链接的素材文件。要链接音视频素材，首先选中要链接在一起的音频和视频素材文件，然后执行素材【链接】命令即可。

链接在一起的音视频素材，在视频文件名称后面会添加"[V]"符号，如图4-35所示。

图4-35

4.6.3 编组和解组

编组和解组就是将多个素材文件捆绑组合在一起或分开的处理。编组和解组与解除和链接音视频有所不同，编组和解组是将多个素材文件组成一个组，多个素材文件还是单独的素材文件。而解除和链接音视频必须是视频和音频素材文件一对一的单独操作。

1. 编组

编组将多个素材文件组合在一起，以便同时移动、禁用、复制或删除它们。如果将带有音视频链接的素材与其他素材编组在一起时，该链接素材的音频和视频部分都将包含在内。

不能将基于素材的命令或效果应用到组，但可以从组中分别选择相应素材，然后再应用效果。可以修剪组的外侧边缘，但不能修剪任何内部入点和出点。

要对素材进行编组，首先选择要编组的多个素材文件，然后执行【编组】命令即可。

2. 解组

解组是将编组在一起的素材文件分开，以方便对组内的素材文件进行单独操作。想要解组素材组，首先选中编组文件，然后执行【取消编组】命令即可。

4.6.4 速度/持续时间

素材的速度是指与录制速率相对比的播放速率。默认情况下，素材以正常的100%速度进行播放。

素材的持续时间是指从入点到出点播放的时间长度。素材有些时候需要通过加速或减速的方式填充持续时间。可以对静止图像调整持续时间，但不需要改变速度。

要更改素材的速度和持续时间，就要选择素材，然后执行【速度/持续时间】命令即可。在弹出的【素材速度/持续时间】对话框中进行设置，如图4-36所示。

图4-36

4.6.5 帧定格

【添加帧定格】命令就是捕捉视频素材中的当前帧，并将此帧之后的素材作为静止图像使用。

【帧定格选项】命令可以设置帧定格的位置，如图4-37所示。【定格滤镜】命令是防止素材在持续时间内产生动画化效果。

【插入帧定格分段】命令可以将【当前时间

图4-37

指示器】位置的素材拆分开，并插入一个两秒的冻结帧。

4.6.6 场选项

场选项可以对素材的场进行重新设置。使用【场选项】功能，首先选中素材文件，然后执行【场选项】命令即可。在【场选项】对话框中可以设置处理选项，如图4-38所示。

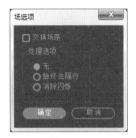

※ 参数详解

【交换场序】：更改素材场的播放顺序。

【无】：不应用任何处理选项。

【始终去隔行】：将隔行扫描场转换为非隔行扫描的逐行扫描帧。

【消除闪烁】：通过使两个场一起变得轻微模糊，可防止图像水平细节出现闪烁。

图4-38

4.6.7 时间插值

时间插值可以使具有停顿或跳帧的视频素材流畅播放。

4.6.8 缩放为帧大小

【缩放为帧大小】是将画面大小不一的素材自动缩放其大小以匹配到序列尺寸，是在不发生扭曲的情况下重新缩放资源。

使用【缩放为帧大小】功能，首先选中素材文件，然后执行【缩放为帧大小】命令即可。

【课堂练习】：缩放为帧大小

1 新建格式为HDV 720P25的序列，如图4-39所示。

2 将【项目】面板中的"图片(5).jpg"素材文件拖动至视频轨道【V1】上，并在【节目监视器】面板中查看效果，如图4-40所示。

图4-39

图4-40

3 选择视频轨道【V1】上的素材，并执行右键菜单中的【缩放为帧大小】命令。在【节目监视器】面板中查看效果，如图4-41所示。

4.6.9　调整图层

调整图层功能可以将同一效果应用至序列中的多个素材上。应用到调整图层的效果会影响图层堆叠顺序中位于其下的所有图层。要想使用【调整图层】功能，首先选中素材文件，然后执行【调整图层】命令即可。

4.6.10　重命名

重命名可以对序列中使用的素材重新命名，以方便区别查找。要重新命名素材，然后选中素材文件，然后执行【重命名】命令即可。

图4-41

4.6.11　在项目中显示

【在项目中显示】命令就是查看序列中某个剪辑素材的源素材。在序列中选择要查看的剪辑素材，然后执行【在项目中显示】命令，即可在【项目】面板中看到高亮显示的源素材。

4.7　渲染和预览序列

Premiere Pro CC会尽可能以全帧速率实时播放任何序列内容。Premiere Pro CC一般会对不需要渲染或已经渲染预览文件的部分实现全帧速率实时播放。对于没有预览文件的较为复杂部分和未渲染的部分，会尽可能实现全帧速率实时播放。

可以先渲染文件中较为复杂部分的预览文件，以实现全帧速率实时播放效果。Premiere Pro CC会使用彩色渲染栏标记序列的未渲染部分，如图4-42所示。

图4-42

◆ 红色渲染栏：表示可能必须在进行渲染之后，才能够实现以全帧速率实时播放的未渲染部分。

◆ 黄色渲染栏：表示可能无须进行渲染，即可以全帧速率实时播放的未渲染部分。

◆ 绿色渲染栏：表示已经渲染其关联预览文件的部分。

4.8　本章练习：动画变速

4.8.1　案例思路

(1) 快捷删除音视频链接素材的音频部分。

(2) 将视频素材文件裁切为多段。

(3) 利用【波形删除】、【插入】和复制等命令，调整素材片段之间的位置。

(4) 利用【速度/持续时间】命令，为素材片段添加变速效果。

4.8.2 制作步骤

1. 设置项目

■1 打开Premiere Pro CC软件，在【开始】界面上单击【新建项目】按钮，如图4-43所示。

■2 在【新建项目】对话框中，输入项目名称为"动画变速"，并设置项目存储位置，单击【确定】按钮，如图4-44所示。

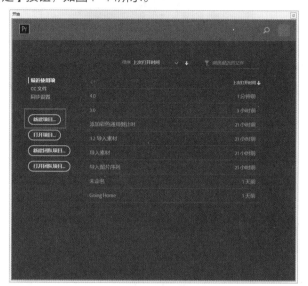

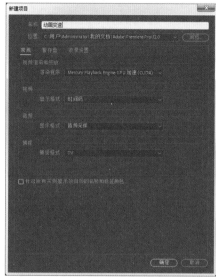

图4-43 图4-44

■3 新建序列。在【新建序列】对话框中，设置序列格式为【HDV】→【HDV 720p25】，【序列名称】名称为"动画变速"，如图4-45所示。

■4 执行【文件】→【导入】菜单命令，在【导入】对话框中选择案例素材，将其导入，如图4-46所示。

图4-45 图4-46

2. 设置时间轴序列

■1 将【项目】面板中的"动物城.mp4"素材拖动至序列的视频轨道【V1】中，如图4-47所示。

2 删除音频。按住【Alt】键，同时选择音频部分，然后按【Delete】键即可，如图4-48所示。

图4-47   图4-48

3 在【时间轴】面板中轨道的头部，执行右键菜单中的【删除轨道】命令。在【删除轨道】对话框中，勾选【删除视频轨道】和【删除音频轨道】复选框，并在轨道类型中选择【所有空轨道】选项，如图4-49所示。

3. 设置快退播放

1 在【时间轴】面板的【当前时间指示器】中，输入数字键盘中的"1422"，将【当前时间指示器】移动到00:00:14:22位置。执行【序列】→【添加编辑】菜单命令，如图4-50所示。

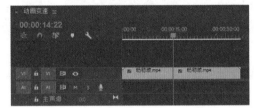

图4-49   图4-50

2 利用【选择工具】 ，选择00:00:14:22位置右侧的素材，并执行右键菜单中的【波形删除】命令。

3 复制裁切好的素材。按住【Alt】键并拖动左侧素材到【当前时间指示器】所在处，如图4-51所示。

4 激活播放指示器位置，输入数字键盘中的"+1221"，使【当前时间指示器】移动到00:00:27:18位置。使用快捷键【Ctrl+K】，如图4-52所示。

图4-51   图4-52

5 利用【选择工具】 ，选择00:00:14:22到00:00:27:18之间的素材，并执行右键菜单中的【波形删除】命令。

6 两段素材互换位置。按住【Ctrl】键并拖动后一个素材到前一个素材的入点位置，如图4-53所示。

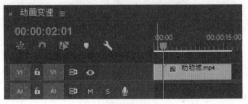

图4-53

7 选择00:00:02:01到00:00:16:22之间的素材，并执行右键菜单中的【剪辑速度/持续时间】命令，设置弹出的【剪辑速度/持续时间】对话框中的【速度】为600%，勾选【倒放速度】复选框，并单击【确定】按钮，如图4-54所示。

图4-54

4. 设置快进播放

1 将"动物城.mp4"素材文件拖动至视频轨道【V1】结尾处，如图4-55所示。

2 删除素材音频部分。按住【Alt】键，同时选择音频部分，然后按【Delete】键即可。

3 将【当前时间指示器】分别移动到00:00:06:18和00:00:23:19位置，并执行【序列】→【添加编辑】菜单命令，如图4-56所示。

图4-55

图4-56

4 选择00:00:06:18到00:00:23:19之间的素材，并执行右键菜单中的【剪辑速度/持续时间】命令，设置弹出的【速度/持续时间】对话框中的【速度】为600%，如图4-57所示。

5 在视频轨道【V1】上00:00:09:14到00:00:23:19之间的空白处，执行右键菜单中的【波形删除】命令，如图4-58所示。

图4-57

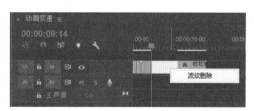

图4-58

6 将【当前时间指示器】移动到00:00:12:04位置，执行【序列】→【添加编辑】菜单命令，并删除00:00:12:04位置右侧的素材，如图4-59所示。

7 将【项目】面板中的"背景音乐.mp3"音频素材拖动到序列中音频轨道【音频1】上，如图4-60所示。

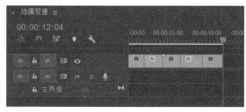

图4-59

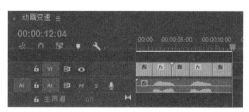

图4-60

5. 查看最终效果

在【节目监视器】面板上查看最终的动画效果，如图4-61所示。

图4-61

第5章
修剪素材

- 监视器的时间控件
- 监视器的播放控件
- 监视器的剪辑
- 编辑工具
- 本章练习：剪辑动画

修剪素材就是使用监视器和修剪工具修整裁剪素材。Premiere Pro CC软件是一款偏向于后期剪辑功能的软件，具有较强的监控素材和修剪素材的能力。Premiere Pro CC将线性编辑中监控素材效果的监视器功能引入软件中，创建了多个监视器面板，用于查看和修整素材。配合工具面板中的修剪工具，可以更为有效地修剪素材。

5.1 监视器的时间控件

5.1.1 时间标尺

时间标尺用来显示或查看监视器中素材或序列的时间信息，如图5-1所示。时间标尺还显示其对应监视器的标记及入点和出点的图标，可通过拖动【当前时间指示器】、标记和入点及出点的图标来调整。

图5-1

5.1.2 当前时间指示器

【当前时间指示器】就是在监视器的时间标尺中显示当前帧的位置，使监视器显示当前帧的图像信息，如图5-2所示。

图5-2

5.1.3 当前时间显示

【当前时间显示】就是显示当前帧的时间码，如图5-3所示。

图5-3

【课堂练习】：跳转时间

① 将视频素材在【源监视器】面板中打开，并将【当前时间指示器】移动到00:00:02:00位置，如图5-4所示。

② 按住【Ctrl】键的同时单击【当前时间显示】，快速将时间显示格式调整为帧计数模式，如图5-5所示。

图5-4

图5-5

③ 在【当前时间显示】中，按数字键盘中的【+】键并输入数字48，如图5-6所示。

图5-6

④ 在按住【Ctrl】键的同时单击【当前时间显示】，切换回完整的时间码模式，并在【源监视器】中查看效果，如图5-7所示。

图5-7

5.1.4 持续时间显示

【持续时间显示】用于显示已打开素材或序列的持续时间，如图5-8所示。持续时间是指素材或序列的入点和出点之间的时间差。

图5-8

5.1.5 缩放滚动条

缩放滚动条与监视器中时间标尺的可见区域对应。

拖动手柄更改缩放滚动条的宽度，可影响时间标尺的刻度。将滚动条扩展至最大宽度，将显示时间标尺的整个持续时间。将滚动条收缩可进行放大，从而显示更加详细的标尺视图，如图5-9所示。扩展和收缩滚动条的操作均以【当前时间指示器】为中心。

图5-9

5.2 监视器的播放控件

监视器包含多种播放控件，它们类似于录像机的播放控制按键，如图5-10所示。

播放控件可使用【按钮编辑器】自定义。大多数播放控件都有等效的键盘快捷键。

常用的播放操作包括如下。

图5-10

◆ 要进行播放，就单击【播放】按钮▶，或者按【L】键或空格键。要停止，就单击【停止】按钮■，或者按【K】键或空格键。空格键可在"播放"和"停止"之间进行切换。

◆ 要倒放，就按【J】键。

◆ 要从入点播放到出点，就单击【从入点播放到出点】按钮▐▶。

◆ 要反复播放整个素材或序列，单击【循环】按钮⟳，然后单击【播放】按钮▶。再次单击【循环】按钮⟳可取消选择并停止循环。

◆ 要反复从入点播放到出点，就单击【循环】按钮⟳，然后单击【从入点播放到出点】按钮▐▶。再次单击【循环】按钮⟳可取消选择并停止循环。

◆ 要加速向前播放，就反复按【L】键。对于大多数媒体类型，素材速度可增加1~4倍。

◆ 要加速向后播放，就反复按【J】键。对于大多数媒体类型，素材向后播放速度可增加1~4倍。

◆ 要前进一帧，就按住【K】键并单击【L】键。

◆ 要后退一帧，就按住【K】键并单击【J】键。

◆ 要慢动作向前播放，就按快捷键【Shift+L】。

◆ 要慢动作向后播放，就按快捷键【Shift+J】。

◆ 要围绕当前时间播放，即从播放指示器之前2秒播放到播放指示器之后2秒，就单击【播放邻近区域】按钮▶▮▶。

◆ 要前进一帧，可单击【前进】按钮▮▶，或按住【K】键并按【L】键，或按向右箭头键。

◆ 要前进五帧，可按住【Shift】键并单击【前进】按钮▮▶，或按快捷键【Shift+→】。

◆ 要后退一帧，可单击【后退】按钮◀▮，或按住【K】键并按【J】键，或按向左箭头键。

◆ 要后退五帧，可按住【Shift】键并单击【后退】按钮◀▮，或按快捷键【Shift+←】。

◆ 要跳到下一个标记，就单击源监视器中的【转到下一个标记】按钮。

◆ 要跳到上一个标记，就单击源监视器中的【转到上一个标记】按钮。

◆ 要跳到剪辑的入点，就选择源监视器，然后单击【转到入点】按钮▮←。

◆ 要跳到剪辑的出点，就选择源监视器，然后单击【转到出点】按钮→।。

◆ 将鼠标指针悬停在监视器上，转动鼠标滚轮以逐帧向前或向后移动。

◆ 单击要定位的监视器的当前时间显示，并输入新的时间。无须输入冒号或分号，小于100的数字将被解释为帧数。

◆ 要跳转至序列目标音频或视频轨道中的上一个编辑点，就单击【节目监视器】中的【转到上一个编辑点】按钮←，或在活动【时间轴】面板或【节目监视器】中按【↑】键。添加【Shift】功能键可跳到所有轨道的上一个编辑点。

◆ 要跳转至序列目标音频或视频轨道中的下一个编辑点，就单击【节目监视器】中的【转到下一个编辑点】按钮→,，或在活动【时间轴】面板或【节目监视器】中按【↓】键。添加【Shift】功能键可跳到所有轨道的上一个编辑点。

◆ 要跳到序列的开头，就选择【节目监视器】或【时间轴】并按【Home】键，或单击【节目监视器】中的【转到入点】按钮←।。

◆ 要跳到序列的结尾，就选择【节目监视器】或【时间轴】并按【End】键，或单击【节目监视器】中的【转到出点】按钮→।。

5.3 监视器的剪辑

5.3.1 设置标记点

【添加标记】按钮█用于设置标记点，便于快速查找特定位置，也方便其他素材的快速对齐，如图5-11所示。

添加多个标记点后，便可单击【转到上一标记】按钮█ █或【转到下一标记】按钮█ █，即可将【当前时间指示器】快速移动到上一个标记或下一个标记处，如图5-12所示。

图5-11

图5-12

5.3.2 设置入点和出点

入点和出点的功能就是设置素材可用部分的起始位置和结束位置，即入点和出点区域之间的内容为可用素材，如图5-13所示。

一般在源监视器中，对多段素材设置入点和出点进行剪辑，然后再将剪辑好后的素材添加到【时间轴】面板中进行编辑。

图5-13

5.3.3 拖动视频或音频

在【源监视器】面板中，具有可将带有音视频链接的素材单独使用其音频或视频部分的功能图标。单击【仅拖动视频】图标或【仅拖动音频】图标，并拖动到序列中即可，如图5-14所示。

图5-14

5.3.4　插入和覆盖

　　一般在【源监视器】面板中，使用【插入】或【覆盖】命令将剪辑好后的素材，从【源监视器】面板中添加到【时间轴】面板上，如图5-15所示。

图5-15

　　单击【插入】按钮，素材将在【时间轴】面板中添加到【当前时间指示器】的右侧。【时间轴】面板中的原有素材将会在所在的位置上分成两部分，右侧部分的素材移动到插入素材之后，如图5-16所示。【时间轴】面板上原有素材的时长和内容没有发生改变，只是位置变化了。

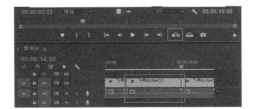

图5-16

　　单击【覆盖】按钮，素材将在【时间轴】面板中添加到【当前时间指示器】的右侧，并替换相同时间长度的原有素材，如图5-17所示。时间轴上原有素材的位置没有变化，只是时长和内容被裁剪了。

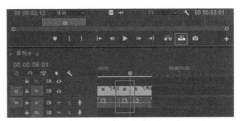

【课堂练习】：插入和覆盖

1 将【项目】面板中的"飞书01.mp4"素材拖动到视频轨道【V1】上，并将【当前时间指示器】移动到00:00:02:00位置，如图5-18所示。

2 在【源监视器】面板中打开"飞书02.mp4"素材，设置入点为00:00:02:20，出点为00:00:04:00，如图5-19所示。

图5-17

图5-18

3 插入素材。单击【插入】按钮，将素材添加到【当前时间指示器】的右侧，如图5-20所示。

图5-19

图5-20

4 在【源监视器】面板中，设置"飞书02.mp4"素材的入点为00:00:05:00，出点为00:00:09:00，如图5-21所示。

5 覆盖素材。单击【覆盖】按钮，将素材添加到【当前时间指示器】的右侧，如图5-22所示。

图5-21

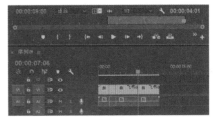

图5-22

5.3.5 提升和提取

在【节目监视器】中的【提升】按钮 和【提取】按钮 ，具有快速删除序列内某段素材的功能，如图5-23所示。

【提升】按钮 是将序列内的选中部分删除，但被删除素材右侧的素材时间和位置不会发生改变，只是在序列中留出了删除素材的缝隙空间，如图5-24所示。

【提取】按钮 是将序列内的选中部分删除，同时被删除素材右侧的素材会向左移动，移动到入点的位置，相当于素材被删除后又执行了一个波纹删除的功能，如图5-25所示。

图5-23

图5-24

图5-25

5.3.6 导出单帧

【导出单帧】按钮 用于从监视器中，将当前帧导出并创建静帧图像，如图5-26所示。

5.3.7 修剪模式

双击序列素材间的编辑点，【节目监视器】面板就会显示修剪界面，如图5-27所示。在修剪模式中，编辑点左右素材双联显示，可以细微调整编辑点位置和过渡效果。

使用以下操作可微调修剪。

◆ 单击【向前修剪】和【向后修剪】按钮，可一次修剪一帧。快捷键分别为【Ctrl+ →】键和【Ctrl+ ←】键。

◆ 单击【大幅向前修剪】按钮 和【大幅向后修剪】按钮 ，可一次修剪多帧。快捷键分别为【Ctrl+Shift+ →】键和【Ctrl+Shift+ ←】键。

◆ 使用数字小键盘上的【+】键或【-】键偏移输入，可修剪指定数字的偏移。

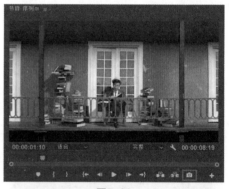

图5-26

图5-27

◆ 单击【应用默认过渡到选择项】按钮，可将默认音频和视频过渡添加到编辑点。

◆ 执行【编辑】→【撤销】或【重做】菜单命令，或使用快捷键，可在播放期间更改修剪。

5.4 编辑工具

【工具】面板中包含8个编辑工具组，主要用于选择、编辑、调整和剪辑序列中的素材，如图5-28所示。这些编辑组展开后还可以显示更多的编辑工具。

图5-28

※ 工具详解

选择工具：该工具用于对素材进行选择或移动，也可以选择和调节关键帧位置，或调整素材入点和出点位置。

向前选择轨道工具：该工具用于对序列中所选素材右侧的素材进行全部选择。

向后选择轨道工具：该工具用于对序列中所选素材左侧的素材进行全部选择。

波纹编辑工具：该工具用于编辑所选素材的出点或入点位置，从而改变素材的长度，但相邻素材不受影响，序列总长度相应的改变。

滚动编辑工具：该工具用于编辑所选素材的出点或入点位置，从而改变素材的长度，同时相邻素材的出点或入点位置也会相应变化，而序列总长度不变。

比率拉伸工具：该工具用于编辑素材的播放速率，从而改变素材的长度。

剃刀工具：该工具将素材分割。

外滑工具：该工具用于改变素材的入点和出点，而序列总长度保持不变，且相邻素材不受影响。

内滑工具：该工具用于改变相邻素材的入点和出点，也改变自身在序列中的位置，而序列总长度保持不变。

钢笔工具：该工具用于设置素材的关键帧，也可创建或调整曲线。

矩形工具：该工具用于绘制直角矩形，配合【Shift】键使用，可以绘制正方形。

椭圆工具：该工具用于绘制椭圆形。

手形工具：该工具用于平移时间轴轨道的可视范围。

缩放工具：该工具用于调整时间轴中素材的显示比例。按住【Alt】键可以在放大或缩小模式间进行切换。

文字工具：该工具用于输入水平方向的文本。

垂直文字工具：该工具用于输入垂直方向的文本。

【课堂练习】：滚动修剪

1 将【项目】面板中的"书01.jpg"和"书02.jpg"素材文件拖动至视频轨道【V1】上，如图5-29所示。

2 选择【工具】面板中的【滚动编辑工具】，并单击素材之间的编辑点，如图5-30所示。

3 将【当前时间指示器】移动到00:00:02:00位置，并执行【序列】→【将所选编辑点扩展到播放指示器】菜单命令，如图5-31所示。

图5-29

图5-30

图5-31

5.5 本章练习：剪辑动画

5.5.1 案例思路

(1) 根据视频素材设置序列。

(2) 利用【标记入点】和【标记出点】功能剪辑素材。

(3) 在【源监视器】和【节目监视器】中裁剪素材。

(4) 利用【覆盖】、【仅拖动视频】和【提取】命令编辑素材。

(5) 利用【滚动编辑工具】、【选择工具】和【剃刀工具】等工具修剪素材。

5.5.2 制作步骤

1. 设置项目

1 创建项目，设置项目名称为"剪辑动画"。

2 创建序列。在【新建序列】对话框的【设置】选项卡中，设置【编辑模式】为"自定义"，【时基】为24.00帧/秒，【帧大小】为640×360，【像素长宽比】为方形像素(1.0)，【序列名称】为"剪辑动画"，如图5-32所示。

3 导入素材。将"飞书01.mp4"～"飞书06.mp4"和"飞书.mp3"素材，导入项目中，如图5-33所示。

图5-32

图5-33

2. 剪辑素材一

1 将【项目】面板中的"飞书01.mp4"和"飞书03.mp4"素材拖动到序列中，如图5-34所示。

2 在【节目监视器】面板中，设置标记入点为00:00:04:05，标记出点为00:00:12:00，单击【提取】按钮 ![icon]，并如图5-35所示。

3 将"飞书02.mp4"素材在【源监视器】面板中显示。设置标记入点为00:00:03:00，标记出点为00:00:06:11，利用覆盖按钮 ![icon]，将剪辑插入

图5-34

图5-35

序列的00:00:04:05位置，如图5-36所示。

4 将【当前时间指示器】移动到00:00:15:03位置，选择序列的出点，执行【序列】→【将所选择编辑点扩展到播放指示器】菜单命令，效果如图5-37所示。

图5-36

5 将"飞书04.mp4"素材在【源监视器】面板中显示。设置标记入点为00:00:01:00，标记出点为00:00:08:00。

单击【仅拖动视频】图标 🔳，将剪辑素材拖动到序列的【当前时间指示器】位置，如图5-38所示。

图5-37

3. 剪辑素材二

1 将【项目】面板中的"飞书05.mp4"素材拖动到序列的出点位置，如图5-39所示。

2 使用【滚动编辑工具】 🔢，双击00:00:22:05位置的编辑点，如图5-40所示。

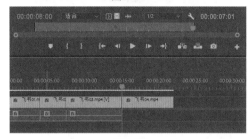

图5-38

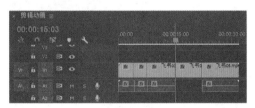

图5-39　　　　　　　　　　　　　图5-40

3 在【节目监视器】面板的修剪模式中，单击【向后修剪】按钮，如图5-41所示。

4 将【项目】面板中的"飞书06.mp4"素材拖动到序列的出点位置，如图5-42所示。

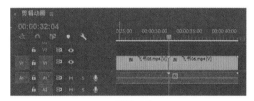

图5-41　　　　　　　　　　　　　图5-42

5 使用【剃刀工具】 🔪，分别在00:00:29:08和00:00:34:05位置裁剪素材，如图5-43所示。

6 使用【选择工具】 ▶，选择00:00:29:08和00:00:34:05之间的素材，并执行右键菜单中的【波纹删除】命令，如图5-44所示。

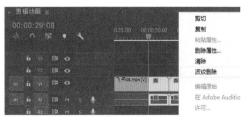

图5-43　　　　　　　　　　　　　图5-44

7 将【项目】面板中的"飞书.mp3"素材拖动到音频轨道【A1】上，如图5-45所示。

8 分别在音视频轨道的出点位置，执行右键菜单中的【应用默认过渡】命令，如图5-46所示。

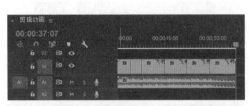

图5-45

图5-46

9 在【节目监视器】面板上查看最终动画效果，如图5-47所示。

图5-47

第6章
运 动 动 画

- 创建、查看和编辑关键帧
- 关键帧插值
- 运动特效属性
- 透明度与混合模式
- 时间重映射
- 本章练习：运动动画

为了使素材产生更加丰富的变化效果，我们就需要为其添加变化动画效果。Premiere Pro CC软件中提供的关键帧动画就是实现这一效果最有效的技术手段。素材的效果属性可以使素材产生变化，但是要想让变化逐渐平稳、有效地过渡就需要为其在指定的时间点设置参数变化，从而产生动画效果。

6.1 动画化效果

动画化表示随着时间的变化而改变。一般情况下素材属性数值发生改变，素材就会产生变化。而在不同时间点设置不同的属性参数，素材就会随着时间点的变化，而逐渐过渡到下一个属性数值，这样的变化效果就叫作动画化效果。

关键帧动画就是要在关键的帧数上设置属性变化。要想产生关键帧动画效果，就必须满足两个条件。一是，至少要有两个关键帧；二是，关键帧的数值属性要有变化。只有当这两个条件同时满足时才会产生动画效果。而在几个关键帧之间的帧，属性参数会按照一定的规律，逐渐变化，从而保证画面效果的流畅性，这一过程我们称为补间动画。

6.2 创建关键帧

在【效果控件】或【时间轴】面板中，可以创建关键帧。【效果控件】面板中的【切换动画】按钮🕐可以激活关键帧动画制作过程。

在【效果控件】面板中，有些属性的【切换动画】按钮🕐默认是开启状态。激活【切换动画】按钮🕐，关键帧动画会显示，并可以产生变化。当【切换动画】按钮为开启状态时，属性数值发生改变则会产生自动关键帧。一般添加关键帧的方法有3种。

(1) 在【效果控件】面板上添加自动关键帧。激活【切换动画】按钮，修改数值即可。

(2) 在【效果控件】面板上手动添加关键帧。激活【切换动画】按钮，单击【添加/移除关键帧】按钮◇即可，如图6-1所示。

(3) 在【时间轴】面板上添加关键帧。设置轨道的显示为【显示视频关键帧】或【显示音频关键帧】，使用【钢笔工具】🖊即可在素材上添加透明关键帧，如图6-2所示。

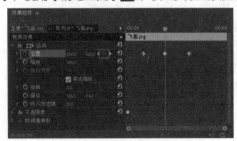

图6-1

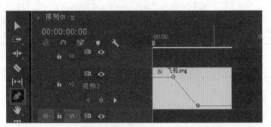

图6-2

6.3 查看关键帧

6.3.1 在【效果控件】面板中查看关键帧

创建关键帧后，可以在【效果控件】面板中查看关键帧，如图6-3所示。

◀转到上一关键帧：单击该按钮，可以直接

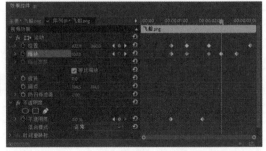

图6-3

转到左一个关键帧的时间点处。

▶转到下一关键帧：单击该按钮，可以直接转到右一个关键帧的时间点处。

◇添加/移除关键帧：单击该按钮，可以添加或删除关键帧。

◆：表示当前时间指示器上有关键帧。

◇：表示当前时间指示器上没有关键帧。

◀◆▶：表示当前时间指示器前后都有关键帧。

◀◆▶：表示当前时间指示器前有关键帧。

◀◆▶：表示当前时间指示器后有关键帧。

◀◆▶：表示当前时间指示器前有关键帧。

包含关键帧的属性效果，在折叠时都会显示为【摘要关键帧】⊙，仅可以作为参考显示，不可以操控。

在【效果控件】面板中，单击【显示/隐藏时间线视图】按钮▶，可以显示或隐藏关键帧的时间线视图，如图6-4所示。

6.3.2 在【时间轴】面板中查看关键帧

【时间轴】面板中的素材如果有关键帧，则可查看到关键帧及其属性。【时间轴】面板中的关键帧连接起来形成一个图表，以显示关键帧的变化。调整关键帧会更改图标变化，如图6-5所示。

图6-4

6.4　编辑关键帧

为素材添加关键帧后，就可以为素材进行编辑调整了，常用的编辑手段有选择、移动、复制、粘贴和删除等。

图6-5

6.4.1 选择关键帧

使用【选择工具】▶，可以框选或点选关键帧。按住【Shift】键可以加选关键帧。

在Premiere Pro CC版本中，关键帧被选中后显示为深蓝色，而未被选择的关键帧为灰色状态，如图6-6所示。

图6-6

6.4.2 移动关键帧

使用【选择工具】▶选择并拖动关键帧，则可以改变所选关键帧的时间位置。

6.4.3 复制、粘贴关键帧

与大多数软件的复制粘贴功能相同。要对关键帧进行复制，首先选择关键帧，然后执行【复制】命令即可。要粘贴关键帧，首先将【当前时间指示器】移动到所需要的时间位置，然后执行【粘贴】命令即可。也可按快捷键【Ctrl + C】和【Ctrl + V】。

也可以选择要复制的关键帧，然后按住【Alt】键，并按住鼠标左键拖动关键帧到所需要的位置，即可完成复制关键帧的操作。

6.4.4 删除关键帧

如果不需要某个或某几个关键帧，则可以选择后直接删除。

选择要删除的关键帧，然后按【Delete】键，或者在弹出的右键菜单中选择【清除】命令，即可完成删除关键帧的功能操作。

或者将【当前时间指示器】移动到关键帧上，然后单击【添加/移除关键帧】按钮 ，即可完成删除关键帧的功能操作。

6.5 关键帧插值

【关键帧插值】可以调整关键帧之间的补间数值变化，使数值变化速率产生匀速度或变速度的变化。

最常见的两种插值类型是线性插值和曲线插值。线性插值是创建从一个关键帧到另一个关键帧的均匀变化，其中的每个中间帧获得等量的变化值，每一对关键帧之间都是匀速变化。曲线插值是贝塞尔曲线的形状加快或减慢变化速率。例如，第一个关键帧之后缓慢加速变化，然后缓慢的减速变化到第二个关键帧处。

6.5.1 空间插值

【空间插值】就是在【节目监视器】面板中调整素材运动轨迹路径。

【课堂练习】：空间插值

1 将【项目】面板中的"背景.jpg"和"飞船.png"素材文件分别拖动至视频轨道【V1】和【V2】上，如图6-7所示。

图6-7

2 选择【时间轴】面板中的"飞机.png"素材文件。在【效果控件】面板中，激活【位置】和【缩放】属性的【切换动画】按钮 ，将【当前时间指示器】移动到00:00:00:05位置，设置【位置】为(1000.0,200.0)，【缩放比例】为100.0，如图6-8所示。

3 将【当前时间指示器】移动到00:00:04:20位置，设置【位置】为(300.0,200.0)，【缩放】为60.0，如图6-9所示。

图6-8

图6-9

4 激活【效果控件】面板中的运动属性图标 运动 。在【节目监视器】面板中，调整关键帧曲线方向手柄，改变运动路径，如图6-10所示。

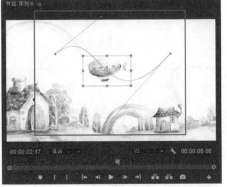

图6-10

6.5.2 临时插值

通过更改关键帧之间的插值方式，可以更精确地控制动画的变化速率和效果。在关键帧右键菜单的【临时插值】选项中，包含7个选项类型，分别是【线性】、【贝塞尔曲线】、【自动贝塞尔曲线】、【连续贝塞尔曲线】、【定格】、【缓入】和【缓出】。

【线性】：关键帧之间变化为直线匀速平均过渡，关键帧显示为◆。

【贝塞尔曲线】：关键帧之间变化为可调节的平滑曲线过渡，关键帧显示为▨。可以在关键帧的任一侧手动调整图表的形状以及变化速率。

【自动贝塞尔曲线】：关键帧之间变化为自动平滑的曲线过渡，关键帧显示为●。更改关键帧的值时，曲线方向手柄会变化，用于维持关键帧之间的平滑过渡。

【连续贝塞尔曲线】：关键帧之间变化为连续平滑的曲线过渡，关键帧显示为▨。在关键帧的一侧更改图表的形状时，关键帧另一侧的形状也相应变化以维持平滑过渡。

【定格】：关键帧之间变化为阶梯形，保持关键帧状态，没有过渡，直接跳转到下一关键帧状态，关键帧显示为◖。

【缓入】：关键帧之间变化为缓慢渐入的过渡，关键帧显示为▨。

【缓出】：关键帧之间变化为缓慢渐出的过渡，关键帧显示为▨。

6.5.3 运动效果

在【节目监视器】面板中可以直接操控素材的效果。选中素材后，单击【效果控件】面板中的运动属性图标，此时【节目监视器】面板中就会显示手柄和锚点。

◆ 鼠标指针置于素材上方时，鼠标指针为选择指针 ▷，可以移动素材的位置。

◆ 鼠标指针置于素材锚点外侧时，鼠标指针为旋转指针 ↻，可以调整素材的旋转角度。

◆ 鼠标指针置于素材锚点时，鼠标指针为缩放指针 ↘，可以调整素材的缩放比例。按住【Shift】键，为等比例缩放。

6.6 运动特效属性

添加到【时间轴】面板中的素材，在【效果控件】面板中都会显示预先应用或内置的固定效果。在【效果控件】面板中可以显示和调整素材的固定效果。

在【效果控件】面板中的【运动】属性是视频素材基本的固定效果属性，可对素材的位置、大小和旋转角度进行简单的调整，其中包含5个效果属性，分别是【位置】、【缩放】、【旋转】、【锚点】和【防闪烁滤镜】，如图6-11所示。

6.6.1 位置

【位置】属性就是素材在屏幕中的空间位置，其属性数值表示素材中心点的坐标，如图6-12所示。

图6-11

6.6.2 缩放

【缩放】属性就是素材在屏幕中的画面大小。默认状态为等比缩放，素材将会等比进行缩放变化。当【等比缩放】选项关闭后，就会开启【缩放高度】和【缩放宽度】属性，可分别调节素材的高度和宽度，如图6-13所示。

6.6.3 旋转

【旋转】属性就是素材以锚点为中心进行按角度的旋转，顺时针旋转属性数值为正数，逆时针旋转属性数值为负数，如图6-14所示。可直接修改属性参数或者在【节目监视器】面板中旋转素材。

6.6.4 锚点

【锚点】属性就是素材变化的中心点。其属性发生变化，会影响素材缩放和旋转的中心点。

6.6.5 防闪烁滤镜

【防闪烁滤镜】属性就是用于消除视频中的闪烁现象。显示在隔行扫描显示器上时，图像中的细线和锐利边缘有时会有闪烁现象。使用此功能可以减少甚至消除这种闪烁。

6.7 透明度与混合模式

在【效果控件】面板中，【不透明度】属性下包括【不透明度】和【混合模式】两个设置，如图6-15所示。

6.7.1 不透明度

【不透明度】属性就是素材透明度显示的多少，属性数值越小，素材就越透明，如图6-16所示。

6.7.2 混合模式

【混合模式】属性是设置素材与其他素材混合的方式，就是将当前图层与下层图层文件相互混合、叠加或交互，通过图层素材之间的相互影响，使当前图层画面产生变化效果。图层混合模式分为普通模式组、变暗模式组、变亮模式组、对比模式组、比较模式组和颜色模式组6个组27个模式，如图6-17所示。

图6-12

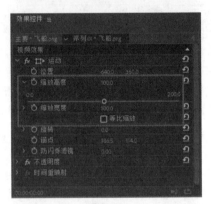

图6-13

图6-14

图6-15

图6-16   图6-17

1. 普通模式组

普通模式组的混合效果就是将当前图层素材与下层图层素材的不透明度变化而产生相应的变化效果。普通模式组包括【正常】和【溶解】2种模式。

1) 正常

此混合模式为软件默认模式，根据Alpha通道调整图层素材的透明度，当图层素材不透明度为100%时，则遮挡下层素材的显示效果，如图6-18所示。

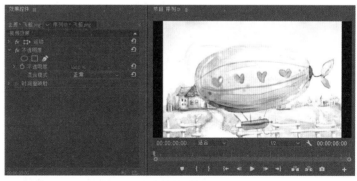

2) 溶解

影响图层素材之间的融合显示，图层结果影像像素由基础颜色像素或混合颜色像素随机替换，显示取决于像素透明度的多少。如果不透明度为100%时，则不显示下层素材影像，如图6-19所示。

图6-18

2. 变暗模式组

变暗模式组的主要作用就是使当前图层素材颜色整体加深变暗，包括【变暗】、【相乘】、【颜色加深】、【线性加深】和【深色】5种模式。

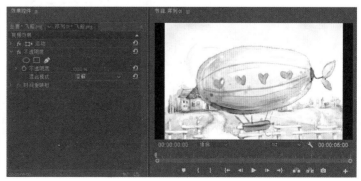

图6-19

1) 变暗

两个图层间素材相混合时，查看并比较每个通道的颜色信息，选择基础颜色和混合颜色中较为偏暗的颜色作为结果颜色，暗色替代亮色。变暗模式的效果如图6-20所示。

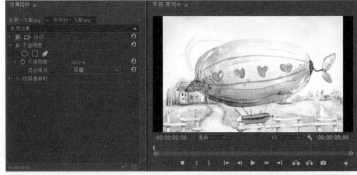

图6-20

2) 相乘

相乘模式是一种减色模式，将基础颜色通道与混合颜色通道数值相乘，再除以位深度像素的最大值，具体结果取决于图层素材颜色深度。而颜色相乘后会得到一种更暗的效果。正片叠底模式的效果如图6-21所示。

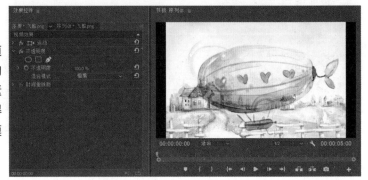

图6-21

3) 颜色加深

颜色加深模式用于查看并比较每个通道中的颜色信息，增加对比度使基础颜色变暗，结果颜色是混合颜色变暗而形成的。混合影像中的白色部分不发生变化。颜色加深模式的效果如图6-22所示。

图6-22

4) 线性加深

线性加深模式用于查看并比较每个通道中的颜色信息，通过减小亮度使基础颜色变暗，并反映混合颜色，混合影像中的白色部分不发生变化，比相乘模式产生更暗的效果。线性加深模式的效果如图6-23所示。

图6-23

5) 深色

深色模式与变暗相似，但深色模式不会比较素材间的生成颜色，只对素材进行比较，选取最小数值为结果颜色。深色模式的效果如图6-24所示。

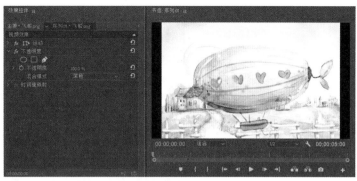

图6-24

3. 变亮模式组

变亮模式组的主要作用就是使图层颜色整体变亮，包括【变亮】、【滤色】、【颜色减淡】、【线性减淡(添加)】和【浅色】5种模式。

1) 变亮

两个图层间的素材相混合时，查看并比较每个通道的颜色信息，选择基础颜色和混合颜色中较为明亮的颜色作为结果颜色，亮色替代暗色。变亮模式的效果如图6-25所示。

图6-25

2) 滤色

滤色模式用于查看每个通道中的颜色信息，并将混合之后的颜色与基础颜色进行正片叠底。此效果类似于多个摄影幻灯片在彼此之上投影。滤色模式的效果如图6-26所示。

图6-26

3) 颜色减淡

颜色减淡模式用于查看并比较每个通道中的颜色信息，通过减小二者之间的对比度使基础颜色变亮以反映出混合颜色。混合影像中的黑色部分不发生变化。颜色减淡模式的效果如图6-27所示。

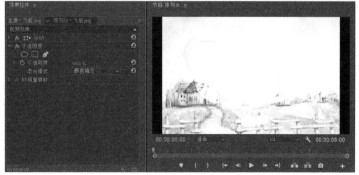

图6-27

4) 线性减淡(添加)

用于查看并比较每个通道中的颜色信息,通过增加亮度使基础颜色变亮以反映混合颜色。混合影像中的黑色部分不发生变化。线性减淡(添加)模式效果如图6-28所示。

5) 浅色

与变亮相似,但浅色模式不会比较素材间的生成颜色,只对素材进行比较,选取最大数值为结果颜色。浅色模式的效果如图6-29所示。

图6-28

4. 对比模式组

对比模式组的混合效果就是将当前图层素材与下层图层素材的颜色亮度进行比较,查看灰度后,选择合适的模式叠加效果,包括【叠加】、【柔光】、【强光】、【亮光】、【线性光】、【点光】和【强混合】7种模式。

图6-29

1) 叠加

对当前图层的基础颜色进行正片叠底或滤色叠加,保留前图层素材的明暗对比。叠加模式的效果如图6-30所示。

2) 柔光

使结果颜色变暗或变亮,具体取决于混合颜色。与发散的聚光灯照在图像上的效果相似。如果混合颜色比 50% 灰色亮,则结果颜色变亮,反之则变暗。混合影像中的纯黑或纯白颜色,可以产生明显的变暗或变亮效果,但不能产生纯黑或纯白颜色效果。柔光模式的效果如图6-31所示。

图6-30

3) 强光

模拟强烈光线照在图像上的效果。该效果对颜色进行正

图6-31

片叠底或过滤,具体取决于混合颜色。如果混合颜色比 50% 灰色亮,则结果颜色变亮,反之则变暗。多用于添加高光或阴影效果。混合影像中的纯黑或纯白颜色,在素材混合后仍会产生纯黑或纯白颜色效果。强光模式的效果如图6-32所示。

图6-32

4) 亮光

通过增加或减小对比度来加深或减淡颜色,具体取决于混合颜色。如果混合颜色比 50% 灰色亮,则通过减小对比度使图像变亮,反之,则通过增加对比度使图像变暗。亮光模式的效果如图6-33所示。

图6-33

5) 线性光

通过减小或增加亮度来加深或减淡颜色,具体取决于混合颜色。如果混合颜色比 50% 灰色亮,则通过增加亮度使图像变亮,反之,则通过减小亮度使图像变暗。线性光模式的效果如图6-34所示。

图6-34

6) 点光

根据混合颜色替换颜色。如果混合颜色比 50% 灰色亮,则替换比混合颜色暗的像素,而不改变比混合颜色亮的像素。如果混合颜色比 50% 灰色暗,则替换比混合颜色亮的像素,而比混合颜色暗的像素保持不变。这对于向图像添加特殊效果非常有用。点光模式的效果如图6-35所示。

图6-35

7) 强混合

将混合颜色的红色、绿色和蓝色通道值添加到基础颜色的RGB值中。计算通道结果，将所有像素更改为主要的纯颜色。强混合模式的效果如图6-36所示。

图6-36

5. 比较模式组

比较模式组的混合效果就是比较当前图层素材与下层图层素材的颜色数值来产生差异效果，包括【差值】、【排除】、【相减】和【相除】4种模式。

1) 差值

查看每个通道中的颜色信息，并从基础颜色中减去混合颜色，或从混合颜色中减去基础颜色，具体取决于哪个颜色的亮度值更高。与白色混合将反转基础颜色值；与黑色混合则不产生变化。差值模式的效果如图6-37所示。

图6-37

2) 排除

排除模式与差值模式非常类似，只是对比度效果较弱。与白色混合将反转基础颜色值；与黑色混合则不产生变化。排除模式的效果如图6-38所示。

图6-38

3) 相减

查看每个通道中的颜色信息，并从基础颜色中减去混合颜色。相减模式的效果如图6-39所示。

图6-39

4) 相除

将基础颜色与混合颜色相除，结果颜色是一种明亮的效果。任何颜色与黑色相除都会产生黑色，与白色相除都会产生白色。相除模式的效果如图6-40所示。

图6-40

6. 颜色模式组

颜色模式组的混合效果就是通过改变下层颜色的色彩属性从而产生不同的叠加效果，包括【色相】、【饱和度】、【颜色】和【发光度】4种模式。

1) 色相

通过基础颜色的明亮度和饱和度，以及混合颜色的色相创建结果颜色，如图6-41所示。

图6-41

2) 饱和度

通过基础颜色的明亮度和色相，以及混合颜色的饱和度创建结果颜色，如图6-42所示。

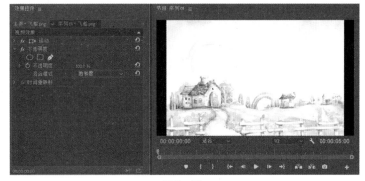

图6-42

3) 颜色

通过基础颜色的明亮度，以及混合颜色的色相和饱和度创建结果颜色，如图6-43所示。

图6-43

4) 发光度

通过基础颜色的色相和饱和度，以及混合颜色的明亮度创建结果颜色，如图6-44所示。

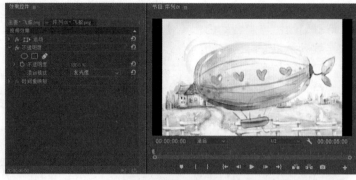

图6-44

6.8 时间重映射

【时间重映射】属性可设置素材时间变化的速度，使时间重置，调整播放速度的快慢，也可使素材播放出现静止或者倒退效果，如图6-45所示。

图6-45

6.9 本章练习：运动动画

6.9.1 案例思路

(1) 使用【混合模式】属性，为光盘添加盘贴效果。

(2) 使用【位置】和【旋转】属性，制作素材关键帧动画，呈现光盘滚动到光盘盒中效果。

(3) 使用【位置】和【缩放比例】属性，制作素材关键帧动画，将光盘盒放大居中。

(4) 使用【透明度】、【混合模式】属性和【垂直翻转】特效效果，制作光盘盒倒影效果。

(5) 设置【透明度】属性动画，显现标题。

6.9.2 制作步骤

1. 设置项目

① 创建项目，设置项目名称为"运动动画"。

② 创建序列。在【新建序列】对话框中，设置序列格式为【HDV】→【HDV 720p25】，【序列名称】名称为"运动动画"。

③ 导入素材。将"光盘.png""光盘盒.png""光盘贴.png"和"光盘标题.png"素材导入项目中，如图6-46所示。

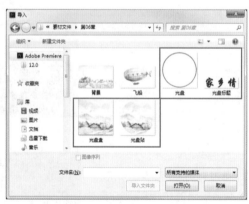

图6-46

2. 设置素材

① 在【项目】面板中，执行右键菜单中的【新建项目】→【颜色遮罩】命令。设置【颜色遮罩】为(150，70，70)，如图6-47所示。

② 将【项目】面板中的"颜色遮罩""光盘.png""光盘贴.png""光盘盒.png"和"光盘标题.jpg"素材文件，分别拖动至视频轨道【V1】~【V5】上。

图6-47

3 关闭视频轨道【V4】和【V5】的【切换轨道输出】图标，如图6-48所示。

3. 设置光盘动画

1 激活视频轨道【V3】中"光盘贴.png"素材的【效果控件】面板，设置【不透明度】的【混合模式】为"相乘"，如图6-49所示。

2 选择视频轨道【V2】和【V3】中的素材，执行右键菜单中的【嵌套】命令，如图6-50所示。

图6-48

图6-49

图6-50

3 激活视频轨道【V2】中"嵌套序列 01"素材的【效果控件】面板，将【当前时间指示器】移动到00:00:00:00位置，设置【位置】为(1400.0,360.0)，【缩放】为50.0，【旋转】为0.0°。

将【当前时间指示器】移动到00:00:02:00位置，设置【位置】为(300.0,360.0)，【旋转】为-1x-180.0°，【不透明度】为100.0%；将【当前时间指示器】移动到00:00:02:01位置，设置【不透明度】为0.0%，如图6-51所示。

4. 设置光盘盒动画

1 激活视频轨道【V4】的【切换轨道输出】图标，并激活轨道中"光盘盒.png"素材的【效果控件】面板。

将【当前时间指示器】移动到00:00:02:05位置，设置【位置】为(300.0,360.0)，【缩放】为40.0；将【当前时间指示器】移动到00:00:03:00位置，设置【位置】为(640.0,360.0)，【缩放比例】为80.0，如图6-52所示。

2 复制素材。按住【Alt】键，并将视频轨道【V4】中的素材拖动到视频轨道【V3】中，如图6-53所示。

3 激活视频轨道【V3】中"光盘盒.png"素材的【效果控件】面板，将【当前时间指示器】移动到00:00:02:05位置，设置【位置】为(300.0,600.0)，【混合模式】为"相乘"；将【当前时间指示器】移动到00:00:03:00位置，设置【位置】为(640.0,835.0)，如图6-54所示。

4 选择视频轨道【V3】中的"光盘盒.png"素材，然后双击【效果】面板中的【视频效果】→【变换】→【垂直翻转】视频效果，如图6-55所示。

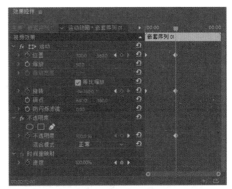

图6-51

图6-52

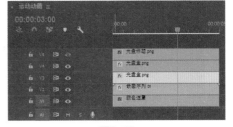

图6-53

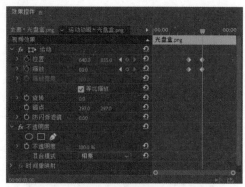

图6-54

图6-55

5. 设置光盘盒动画

1 激活视频轨道【V5】的【切换轨道输出】图标，并激活轨道中"光盘盒.png"素材的【效果控件】面板。将【当前时间指示器】移动到00:00:03:00位置，设置【不透明度】为0.0%；将【当前时间指示器】移动到00:00:03:10位置，设置【不透明度】为90.0%，如图6-56所示。

2 在【节目监视器】面板上查看最终动画效果，如图6-57所示。

图6-56

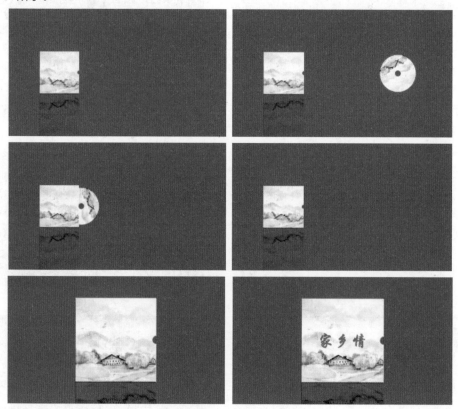

图6-57

第7章
视频效果

- 视频效果概述
- 编辑视频效果
- 各类视频效果介绍
- 文件夹效果
- 本章练习：动画海报

影视特效就是对视频素材的再次处理，使画面达到制作要求，使用视频效果可以改变视频的画面效果。而在Adobe Premiere Pro CC中又将一些常用的视频效果单独设立在预设文件夹中，以方便使用。掌握各种视频效果，可以方便快捷地制作出各种特殊的画面效果。

7.1　视频效果概述

Adobe Premiere Pro CC中提供大量的视频效果，这些效果的制作方法与思路和Adobe Photoshop CC的效果类似。Premiere Pro CC与Photoshop CC都是Adobe公司旗下的主流软件，所以功能及操作很相似，这也促进了它们兼容性的提升，但有所不同的是，Photoshop CC是对位图图像进行效果处理，而Premiere Pro CC主要是对动态视频影像进行效果化处理，一个素材是静态的，一个素材是动态的。

Premiere Pro CC中提供的视频效果和视频过渡效果，在应用方式上也有所不同。视频效果是对单个素材的操作，而视频过渡效果是针对两个素材之间的过渡效果。

Premiere Pro CC中包含有几十种视频效果，并根据它们的类型特点，分别放置在【视频效果】、【预设】和【Lumetri预设】3个大类型文件夹中。其中【视频效果】文件夹包含主要的视频效果特效，拥有19个子类型文件夹。这19个文件夹的分类分别是【Obsolete】、【变换】、【图像控制】、【实用程序】、【扭曲】、【时间】、【杂色与颗粒】、【模糊与锐化】、【沉浸式视频】、【生成】、【视频】、【调整】、【过时】、【过渡】、【透视】、【通道】、【键控】、【颜色校正】和【风格化】，如图7-1所示。这些效果可使视频画面产生特殊的效果，以达到制作需求。

图7-1

7.2　编辑视频效果

素材的所有特效都会在效果控件中显示，并且效果控件也是对素材特效编辑和操作的主要区域。在效果控件中，可以添加效果、查看效果、编辑效果和移除效果。

7.2.1　添加视频效果

添加视频效果后，素材就可以进行特殊化处理。常用的添加视频效果的方法有3种。

◆　将选中的视频效果拖动到序列中的素材上。

◆　将选中的视频效果拖动到素材的【效果控件】面板中。

◆　选中素材后双击需要的视频效果。

【课堂练习】：添加特效效果

1️⃣ 将【项目】面板中的"图片(1).jpg"素材文件拖动至视频轨道【V1】上，将【效果】面板中的【垂直翻转】效果拖动到【时间轴】面板中的"图片(1).jpg"素材文件上，如图7-2所示。

2️⃣ 将【水平翻转】效果拖动到【效果控件】面板中，如图7-3所示。

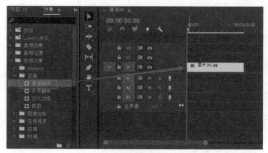

图7-2

3 激活序列中的"图片(1).jpg"素材后,双击【羽化边缘】效果,在【效果控件】面板中查看效果,如图7-4所示。

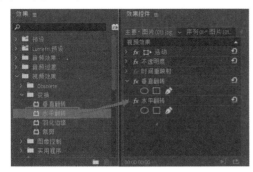
图7-3

图7-4

7.2.2 修改视频效果

添加视频效果后,可以更改属性数值,以达到需要的效果。调整效果的操作方式有很多。

◆ 直接输入数值:单击效果的属性数值,输入新的数值,然后按【Enter】键即可。

◆ 滑动修改:将鼠标指针悬停于数值上方,然后左右拖动即可。

◆ 使用滑块:展开属性,然后拖动滑块或角度控件即可。

◆ 使用吸管工具:有些属性可以使用吸管工具设置颜色值。吸管工具将会采集一个5 x 5像素区域的颜色值。

◆ 使用拾色器:有些属性可以使用Adobe 拾色器设置颜色值。

◆ 恢复默认设置:当单击属性旁的【重置】按钮,则会将效果的属性重置为默认设置。

【课堂练习】:修改视频效果

1 将【项目】面板中的"图片(1).jpg"素材拖动至视频轨道【V1】上,并添加【颜色替换】视频效果,如图7-5所示。

图7-5

2 使用【目标颜色】的吸管工具吸取背景颜色,使用【替换颜色】的拾色器更改颜色为紫色,如图7-6所示。

3 将鼠标悬停在【相似性】数值上方,向右拖动,将数值更改为20,查看效果源素材蓝色部分效果,如图7-7所示。

图7-6

83

图7-7

7.2.3 效果属性动画

效果的属性数值发生改变就可以产生动画效果。可以通过修改属性数值添加关键帧动画，使其产生更加丰富的变化效果。

7.2.4 复制视频效果

可以将一个素材添加的视频效果复制到另一个素材上，保持参数不变。也可以将视频效果继续复制到其本身素材上，添加多个相同的视频效果进行累加。

7.2.5 移除视频效果

可以将不需要的视频效果移除。在【效果控件】中，选择一个或多个效果，执行右键菜单中的【清除】命令，或直接按【Delete】键即可。

7.2.6 切换效果开关

单击【切换效果开关】按钮 fx ，可以很方便地比较使用效果前后的状态。【切换效果开关】按钮在效果名称的左侧，如图7-8所示。

图7-8

7.3 各类视频效果介绍

7.3.1 Obsolete类视频效果

Obsolete类视频效果文件夹只有【快速模糊】效果，如图7-9所示。【快速模糊】效果可以使素材快速产生定向模糊，如图7-10所示。

图7-9

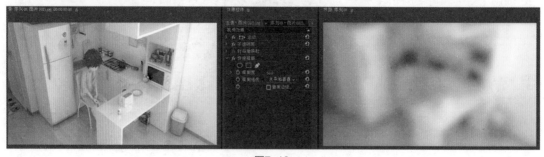

图7-10

7.3.2 变换类视频效果

变换类视频效果可以使图像在虚拟的二三维空间中产生空间变化效果，使视频素材产生翻转、裁剪和滚动等效果。【变换】文件夹中包含4个视频效果，分别是【垂直翻转】、【水平翻转】、【羽化边缘】和【裁剪】，如图7-11所示。

图7-11

1. 垂直翻转

【垂直翻转】效果可以使素材以中心为轴，垂直方向上下颠倒，进行180°翻转，如图7-12所示。

图7-12

2. 水平翻转

【水平翻转】效果可以使素材以中心为轴，水平方向左右颠倒，进行180°翻转，如图7-13所示。

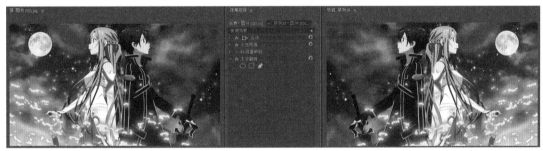

图7-13

3. 羽化边缘

【羽化边缘】效果可以使素材的边缘周围产生柔化，如图7-14所示。

图7-14

4. 裁剪

【裁剪】效果可以重新调整素材尺寸大小，裁剪其边缘，如图7-15所示。设置该效果的属性参数，裁剪边缘大小。裁掉的部分将会显露出下层轨道上的素材或背景色。

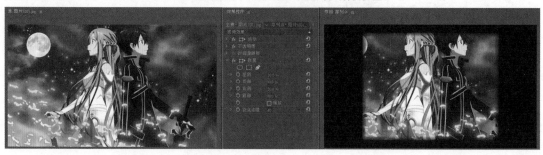

图7-15

7.3.3 图像控制类视频效果

图像控制类视频效果主要是对素材的颜色进行调整。【图像控制】文件夹中包含5个视频效果，分别是【灰度系数校正】、【颜色平衡(RGB)】、【颜色替换】、【颜色过滤】和【黑白】，如图7-16所示。

图7-16

1. 灰度系数校正

【灰度系数校正】效果是在不改变素材高亮和低亮色彩区域的基础上，对素材中间亮度的灰色区域进行调整，使其偏亮或偏暗，如图7-17所示。

图7-17

2. 颜色平衡(RGB)

【颜色平衡(RGB)】效果是根据RGB色彩原理，调整或者改变素材色彩，如图7-18所示。

图7-18

3. 颜色替换

【颜色替换】效果是在不改变素材明度的情况下，将一种色彩或一定区域内的色彩替换为其他颜色，如图7-19所示。

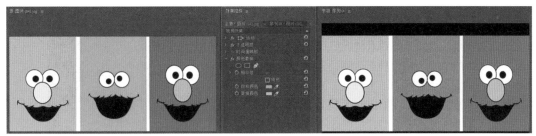

图7-19

4. 颜色过滤

【颜色过滤】效果是在素材中将没有选中的颜色区域逐渐调整为灰度模式，去掉其色相和纯度，如图7-20所示。

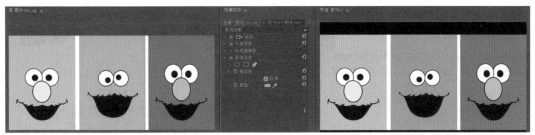

图7-20

5. 黑白

【黑白】效果是将素材转换为没有色彩的灰度模式，如图7-21所示。

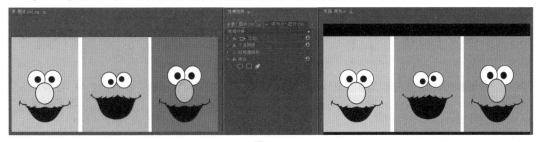

图7-21

7.3.4 实用程序类视频效果

图7-22

实用程序类视频效果文件夹只有【Cineon转换器】效果，如图7-22所示。该效果是对Cineon文件中的颜色进行调整，如图7-23所示。

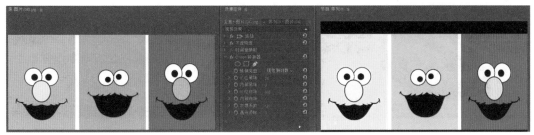

图7-23

7.3.5 扭曲类视频效果

扭曲类视频效果主要是对素材进行几何形体的变形处理。【扭曲】文件夹中包含12个视频效果，分别是【位移】、【变形稳定器VFX】、【变换】、【放大】、【旋转】、【果冻效应修复】、【波形变形】、【球面化】、【紊乱置换】、【边角定位】、【镜像】和【镜头扭曲】，如图7-24所示。

图7-24

1. 位移

【位移】效果使素材在垂直和水平方向上偏移，而移出的图像会从另一侧显示出来，如图7-25所示。

图7-25

2. 变形稳定器VFX

【变形稳定器VFX】效果可消除因摄像机移动造成对素材的抖动，从而可将摇晃的手持素材转变为稳定、流畅的拍摄内容，如图7-26所示。

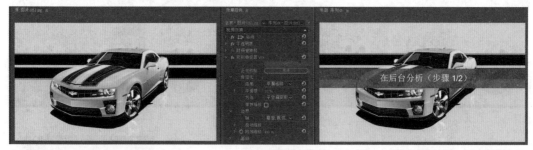

图7-26

3. 变换

【变换】效果是对素材基本属性的调整，包括【位置】、【缩放】和【不透明度】等属性的综合调整，如图7-27所示。

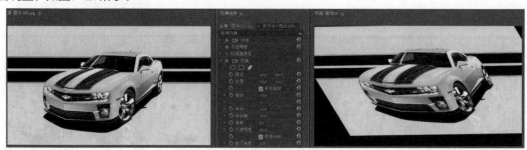

图7-27

4. 放大

【放大】效果可以放大素材的整体或者指定区域，如图7-28所示。

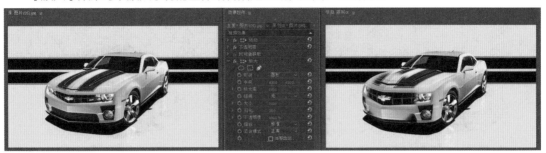

图7-28

5. 旋转

【旋转】可以使素材产生扭曲旋转的效果，如图7-29所示。【角度】属性可以调节旋转的角度。

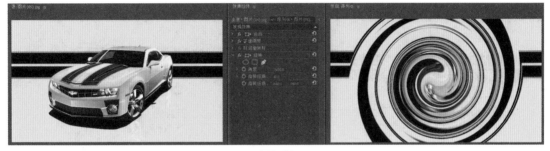

图7-29

6. 果冻效应修复

【果冻效应修复】是设置素材的场序类型，从而得到需要的匹配效果，或者达到降低各种扫描视频素材画面闪烁的效果，如图7-30所示。

图7-30

7. 波形变形

【波形变形】使素材产生波浪的效果，如图7-31所示。

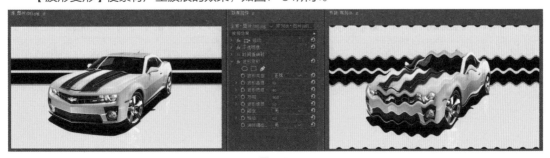

图7-31

8. 球面化

【球面化】使素材产生球面变形的效果，如图7-32所示。

图7-32

9. 紊乱置换

【紊乱置换】使素材产生不规则的噪波扭曲变形效果，如图7-33所示。

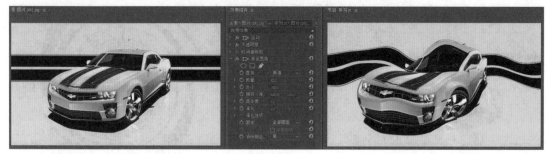

图7-33

10. 边角定位

【边角定位】效果是设置素材"左上""左下""右上"和"右下"4个顶角坐标位置，从而使素材产生变形效果，如图7-34所示。

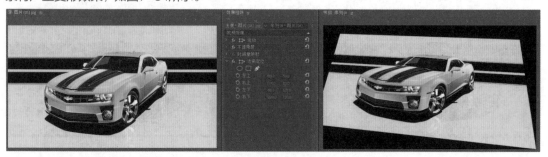

图7-34

【课堂练习】：边角定位

1 将【项目】面板中的"广告牌.jpg"和"广告.jpg"素材文件，分别拖动到视频轨道【视频1】和【视频2】上，如图7-35所示。

2 激活【时间轴】面板中的"广告.jpg"素材，然后双击【效果】面板中的【视频效果】→【扭曲】→【边角定位】效果，如图7-36所示。

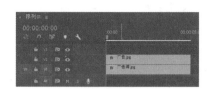

图7-35　　　　　　　　　　　　　　　图7-36

3 激活"广告.jpg"素材的【效果控件】面板，设置【边角定位】效果的【左上】为(915.0，380.0)，【右上】为(1100.0，650.0)，【左下】为(700.0，535.0)，【右下】为(880.0，800.0)，如图7-37所示。

4 在"广告.jpg"素材的【效果控件】面板中，设置【不透明度】的【混合模式】为"相乘"，如图7-38所示。

图7-37　　　　　　　　　　　　　　　图7-38

5 在【源监视器】和【节目监视器】面板中，查看制作前后效果，如图7-37所示。

图7-39

11. 镜像

【镜像】使素材沿指定坐标位置，产生镜面反射的效果，如图7-40所示。

图7-40

12. 镜头扭曲

【镜头扭曲】使素材模拟镜头失真，素材画面产生凹凸变形的扭曲效果，如图7-41所示。

图7-41

7.3.6　时间类视频效果

时间类视频效果主要是对素材时间帧特性进行处理。【时间】文件夹中包含4个视频效果，分别是【像素运动模糊】、【抽帧时间】、【时间扭曲】和【残影】，如图7-42所示。

图7-42

1. 像素运动模糊

【像素运动模糊】效果自动跟踪序列中的每个像素，并可根据计算出的动作模糊场景，如图7-43所示。

图7-43

2. 抽帧时间

【抽帧时间】可设置素材的帧速率，产生跳帧播放的效果，如图7-44所示。

图7-44

3. 时间扭曲

【时间扭曲】使素材的当前画面产生时间偏移的特效，如图7-45所示。

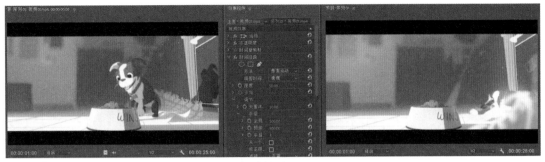

图7-45

4. 残影

　　【残影】使素材的帧重复多次，产生快速运动的效果，如图7-46所示。

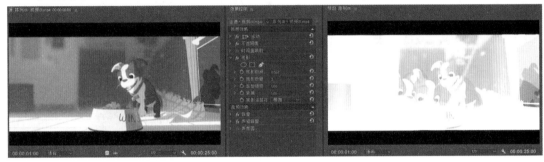

图7-46

7.3.7　杂色与颗粒类视频效果

　　杂色与颗粒类视频效果主要是对素材的杂波或噪点进行处理。【杂色与颗粒】文件夹中包含6个视频效果，分别是【中间值】、【杂色】、【杂色Alpha】、【杂色HLS】、【杂色HLS自动】和【蒙尘与划痕】，如图7-47所示。

图7-47

1. 中间值

　　【中间值】效果是将素材中像素的RGB数值重新调整，取其周围颜色的平均值。这样可以去除素材中的杂色和噪点，使画面更柔和，如图7-48所示。

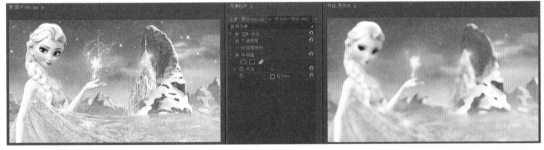

图7-48

2. 杂色

　　【杂色】效果是在素材中添加杂色颗粒，如图7-49所示。

图7-49

3. 杂色Alpha

【杂色Alpha】效果是对素材的Alpha通道产生影响，添加杂色，如图7-50所示。

图7-50

4. 杂色HLS

【杂色HLS】效果是对素材杂色的色相、亮度和饱和度进行设置，如图7-51所示。

图7-51

5. 杂色HLS自动

【杂色HLS自动】效果是对素材杂色的色相、亮度和饱和度进行设置，还可以控制杂色的运动速度，如图7-52所示。

图7-52

6. 蒙尘与划痕

【蒙尘与划痕】使素材产生类似灰尘或划痕的效果，如图7-53所示。

图7-53

7.3.8 模糊与锐化类视频效果

模糊与锐化类视频效果主要是对素材进行画面图像模糊，或者使柔和的素材图像变得更加分明锐化。【模糊与锐化】文件夹中包含7个视频效果，分别是【复合模糊】、【方向模糊】、【相机模糊】、【通道模糊】、【钝化蒙版】、【锐化】和【高斯模糊】，如图7-54所示。

1. 复合模糊

【复合模糊】使素材产生柔和模糊的效果，如图7-55所示。

图7-54

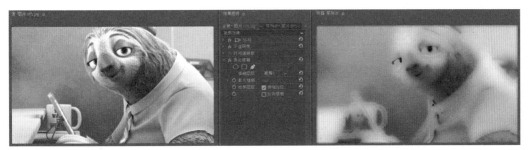

图7-55

2. 方向模糊

【方向模糊】使素材沿指定方向产生模糊效果，多用于模拟快速运动，如图7-56所示。

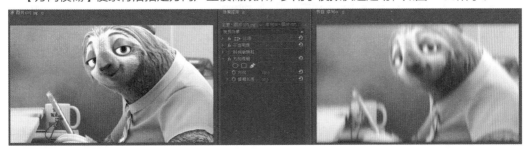

图7-56

3. 相机模糊

【相机模糊】可以模拟素材在拍摄时虚焦的效果，如图7-57所示。

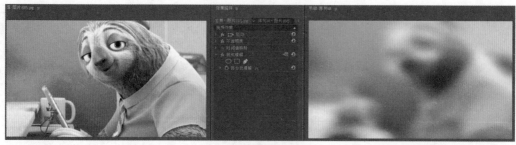

图7-57

4. 通道模糊

【通道模糊】对素材的红色、绿色、蓝色或Alpha通道单独进行处理，产生特殊模糊效果，如图7-58所示。

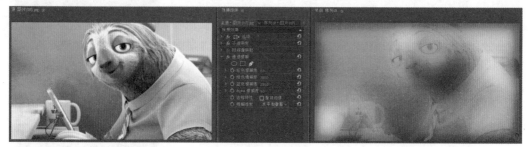

图7-58

5. 钝化蒙版

【钝化蒙版】效果通过调整素材色彩强度，加强画面细节，从而达到锐化的效果，如图7-59所示。

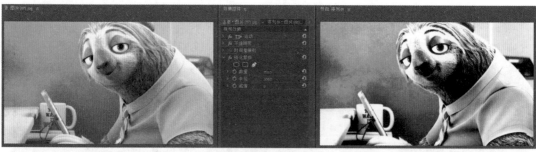

图7-59

6. 锐化

【锐化】效果是加强素材相邻像素的对比度强度，使素材变得更清晰，如图7-60所示。

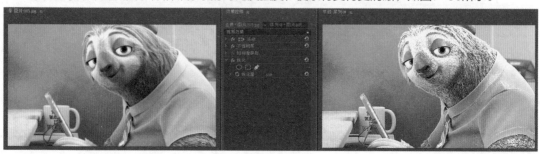

图7-60

7. 高斯模糊

【高斯模糊】利用高斯曲线的方式，使素材产生不同程度的虚化效果，如图7-61所示。

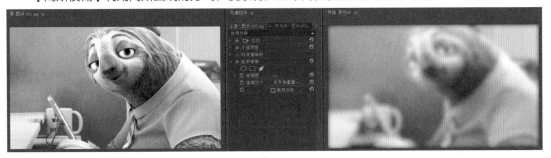

图7-61

7.3.9 沉浸式类视频效果

沉浸式类视频效果主要是为沉浸式视频添加特效。【沉浸式视频】文件夹中包含11个视频效果，分别是【VR分形杂色】、【VR发光】、【VR平面到球面】、【VR投影】、【VR数字故障】、【VR旋转球面】、【VR模糊】、【VR色差】、【VR锐化】、【VR降噪】和【VR颜色渐变】，如图7-62所示。

7.3.10 生成类视频效果

生成类视频效果主要是为素材添加各种特殊图形效果样式。【生成】文件夹中包含12个视频效果，分别是【书写】、【单元格图案】、【吸管填充】、【四色渐变】、【圆形】、【棋盘】、【椭圆】、【油漆桶】、【渐变】、【网格】、【镜头光晕】和【闪电】，如图7-63所示。

图7-62　　　　　　图7-63

1. 书写

【书写】是在素材上制作模拟画笔书写的彩色笔触动画效果，如图7-64所示。

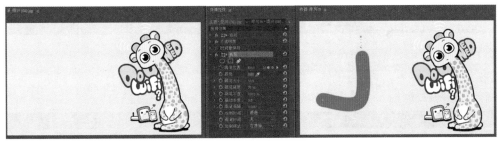

图7-64

2. 单元格图案

【单元格图案】效果是为素材单元格添加不规则的蜂巢状图案，多用于制作背景纹理，如图7-65所示。

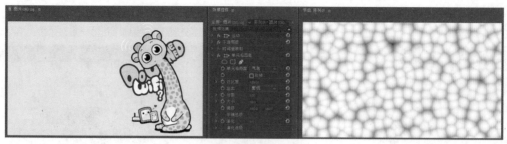

图7-65

3. 吸管填充

【吸管填充】将提取素材中目标处的颜色，通过调整参数，从而影响素材画面效果，如图7-66所示。

图7-66

4. 四色渐变

【四色渐变】设置4个颜色，使其互相渐变，叠加与素材画面的效果，如图7-67所示。

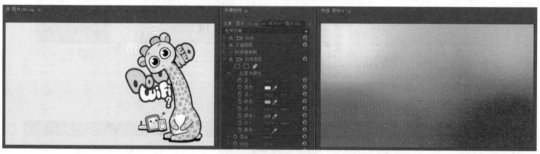

图7-67

5. 圆形

【圆形】是在素材上添加一个圆形或圆环形的图形效果，如图7-68所示。

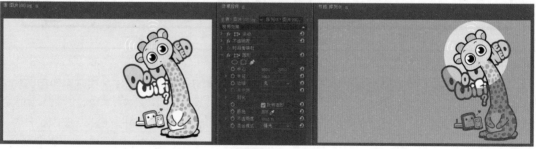

图7-68

6. 棋盘

【棋盘】是在素材上添加一个矩形棋盘格的图形效果，如图7-69所示。

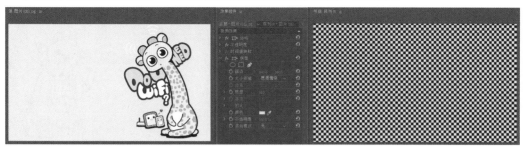

图7-69

7. 椭圆

【椭圆】是在素材上添加一个圆形、圆环形、椭圆形或椭圆环形的图形效果，该效果比【圆形】效果功能更全面一些，如图7-70所示。

图7-70

8. 油漆桶

【油漆桶】可为素材指定区域进行颜色添加，如图7-71所示。

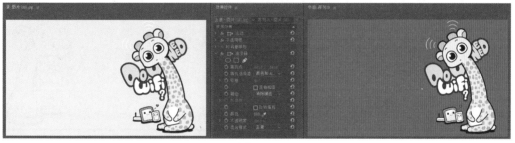

图7-71

9. 渐变

【渐变】是为素材添加线性渐变或放射性渐变填充效果，如图7-72所示。

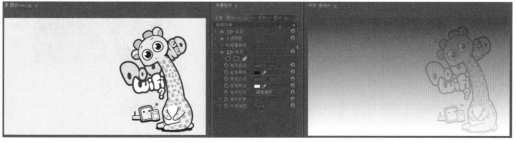

图7-72

10. 网格

【网格】是为素材添加网格图形效果，如图7-73所示。

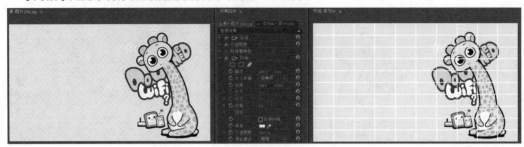

图7-73

11. 镜头光晕

【镜头光晕】是模拟强光投射到镜头上而产生的光晕效果，如图7-74所示。

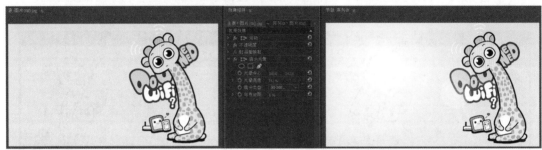

图7-74

12. 闪电

【闪电】是模拟闪电的效果，如图7-75所示。

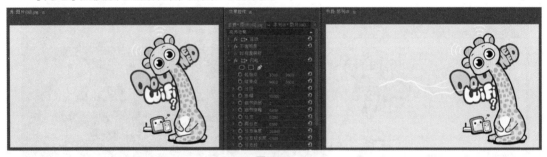

图7-75

7.3.11 视频类视频效果

视频类视频效果主要是模拟视频信号的电子变动，显示视频素材的部分属性。【视频】文件夹中包含4个视频效果，分别是【SDR遵从情况】、【剪辑名称】、【时间码】和【简单文本】，如图7-76所示。

图7-76

1. SDR遵从情况

【SDR遵从情况】效果是将HDR素材转换成SDR素材，如图7-77所示。

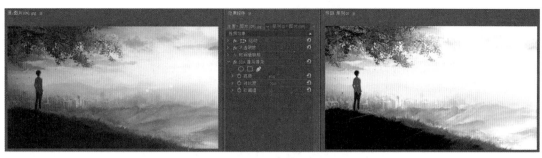

图7-77

2. 剪辑名称

【剪辑名称】效果为素材在【节目监视器】面板上显示素材剪辑名称，如图7-78所示。

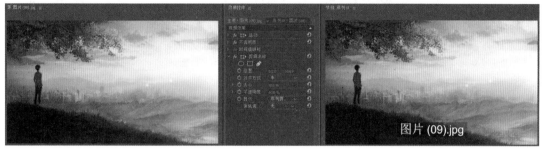

图7-78

3. 时间码

【时间码】效果为素材在【节目监视器】面板上显示时间码，如图7-79所示。

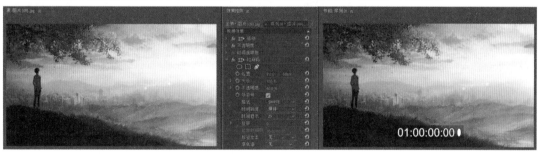

图7-79

4. 简单文本

【简单文本】效果为素材在【节目监视器】面板上显示简单的文本注释，如图7-80所示。

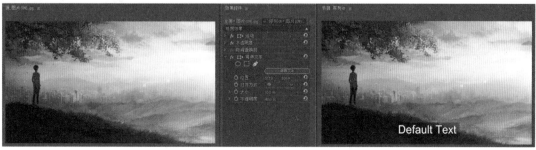

图7-80

7.3.12 调整类视频效果

调整类视频效果主要是对素材的画面进行调整。【调整】文件夹中包含5个视频效果，分别是【ProcAmp】、【光照效果】、【卷积内核】、【提取】和【色阶】，如图7-81所示。

图7-81

1. ProcAmp

【ProcAmp】效果可调整素材颜色属性，如图7-82所示。

图7-82

2. 光照效果

【光照效果】是为素材添加照明效果，如图7-83所示。

图7-83

【课堂练习】：光照效果

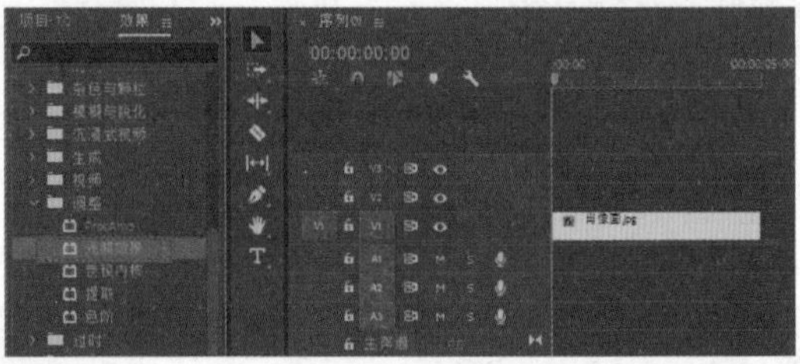

1 将【项目】面板中的"肖像画.jpg"素材文件拖动到视频轨道【V1】上。

2 激活序列中的"肖像画.jpg"素材，然后双击【效果】面板中的【视频效果】→【调整】→【光照效果】效果，如图7-84所示。

3 激活"肖像画.jpg"素材的【效果控件】面板，执行【光照效果】命令，在【节目监视器】面板中进行手动调整照明角度和效果，如图7-85所示。

图7-84

4 设置【效果照明】效果的【环境光照颜色】为(255,50,0)，【环境光照强度】为40.0，【表面光泽】为100.0，【凹凸层】为"视频1"，【凹凸高度】为50.0，勾选【白色部分凸起】选项，如图7-86所示。

5 在【源监视器】和【节目监视器】面板中，查看制作前后效果，如图7-87所示。

图7-85　　　　　　　　　　　　　　　　　　　　　　图7-86

图7-87

3. 卷积内核

【卷积内核】效果利用数学回转改变素材的亮度，可增加边缘的对比强度，如图7-88所示。

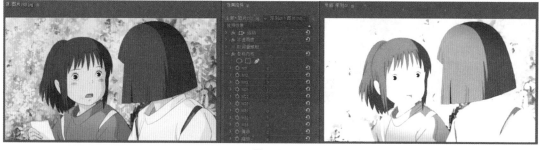

图7-88

4. 提取

【提取】可去除素材颜色，使其转换成黑白效果，如图7-89所示。

图7-89

5. 色阶

【色阶】效果调整素材的色阶明亮程度，如图7-90所示。

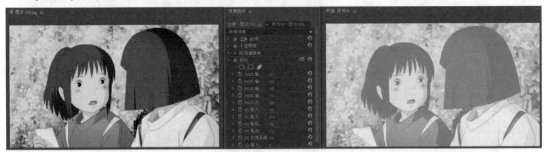

图7-90

7.3.13　过时类视频效果

过时类视频效果主要是对素材的颜色属性进行调整。【调整】文件夹中包含10个视频效果，分别是【RGB曲线】、【RGB颜色校正器】、【三向颜色校正器】、【亮度曲线】、【亮度校正器】、【快速颜色校正器】、【自动对比度】、【自动色阶】、【自动颜色】和【阴影/高光】，如图7-91所示。

图7-91

1. RGB曲线

【RGB曲线】效果通过调整素材红色、绿色、蓝色通道和主通道的数值曲线来调整RGB色彩值，如图7-92所示。

图7-92

2. RGB颜色校正器

【RGB颜色校正器】效果通过调整素材RGB参数来调整颜色和亮度，如图7-93所示。

图7-93

3. 三向颜色校正器

【三向颜色校正器】效果通过调整素材的阴影、中间调和高光来调整颜色，如图7-94所示。

图7-94

4. 亮度曲线

【亮度曲线】效果通过【亮度波形】曲线来调整素材的亮度值，如图7-95所示。

图7-95

5. 亮度校正器

【亮度校正器】效果可调整素材的亮度值，如图7-96所示。

图7-96

6. 快速颜色校正器

【快速颜色校正器】效果可以快速校正素材的颜色，如图7-97所示。

图7-97

7. 自动对比度

【自动对比度】效果可以自动快速校正素材颜色的对比度,如图7-98所示。

图7-98

8. 自动色阶

【自动色阶】效果可以自动快速校正素材颜色的色阶明亮程度,如图7-99所示。

图7-99

9. 自动颜色

【自动颜色】效果可以自动快速校正素材的颜色,如图7-100所示。

图7-100

10. 阴影/高光

【阴影/高光】效果使素材阴影变亮,高光变暗,调整素材的逆光问题,如图7-101所示。

图7-101

7.3.14 过渡类视频效果

过渡类视频效果主要是对素材的出现方式的动态调整，与【视频过渡】文件夹中的效果类似，但不同的是【视频效果】文件夹里的效果是对单个素材产生变化效果，而【视频过渡】文件夹中的效果是调整两个素材之间的变化效果。

从作用效果上说，【视频效果】文件夹里的效果是同一时间区域不同素材间的变化，而【视频过渡】文件夹中的效果是相邻时间区域不同素材间的变化。

【过渡】文件夹中包含5个视频效果，分别是【块溶解】、【径向擦除】、【渐变擦除】、【百叶窗】和【线性擦除】，如图7-102所示。

图7-102

1. 块溶解

【块溶解】可以使素材产生逐渐消失在随机像素块中的效果，如图7-103所示。

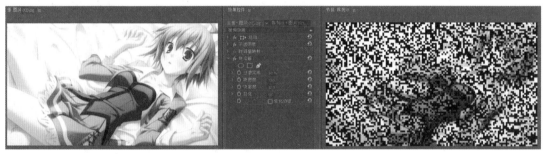

图7-103

2. 径向擦除

【径向擦除】可以使素材以指定坐标点为中心，产生以圆形表盘指针旋转的方式逐渐将图像擦除的效果，如图7-104所示。

图7-104

3. 渐变擦除

【渐变擦除】效果使素材间的亮度值逐渐过渡，从而使素材产生变化效果，如图7-105所示。

4. 百叶窗

【百叶窗】效果可模拟百叶窗的条纹形状，建立蒙版效果，逐渐显示下层素材影像，如图7-106所示。

图7-105

图7-106

5. 线性擦除

　　【线性擦除】通过线条滑动的方式擦除原始素材，逐渐显示下层素材影像的效果，如图7-107所示。

图7-107

　　※ 参数详解

　　【过渡完成】：设置素材过渡擦除的百分比。

　　【擦除角度】：设置素材过渡擦除的角度。

　　【羽化】：设置素材过渡擦除的柔化程度。

7.3.15　透视类视频效果

　　透视类视频效果主要是为素材添加各种立体的透视效果。【透视】文件夹中包含5个视频效果，分别是【基本3D】、【投影】、【放射阴影】、【斜角边】和【斜面Alpha】，如图7-108所示。

1. 基本3D

　　【基本3D】是将素材模拟放置在三维空间中，进行

图7-108

旋转和倾向的三维变化效果，如图7-109所示。

图7-109

2. 投影

【投影】是为素材添加投影效果，如图7-110所示。

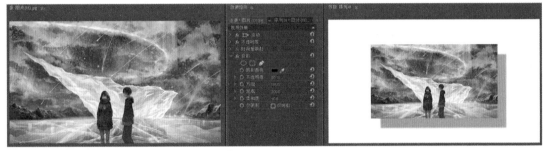

图7-110

3. 放射阴影

【放射阴影】是为素材添加一个光源照明，使阴影投放在下层素材上的效果，如图7-111所示。

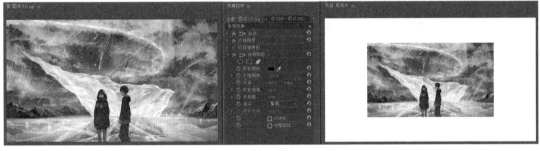

图7-111

4. 斜角边

【斜角边】是为素材添加一个照明，使素材产生三维立体倾斜效果，如图7-112所示。

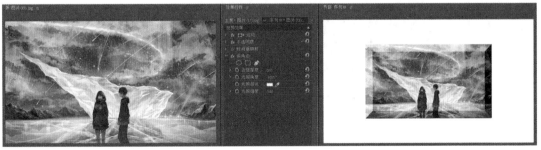

图7-112

5. 斜面Alpha

【斜面Alpha】是为素材的Alpha通道添加倾斜，使二维图像更具有三维立体化效果，如图7-113所示。

图7-113

7.3.16 通道类视频效果

通道类视频效果主要是对素材的通道进行处理，从而调整素材的颜色。【通道】文件夹中包含7个视频效果，分别是【反转】、【复合运算】、【混合】、【算术】、【纯色合成】、【计算】和【设置遮罩】，如图7-114所示。

图7-114

1. 反转

【反转】效果可以翻转素材的颜色值，使素材颜色以各自补色的形式显示，如图7-115所示。

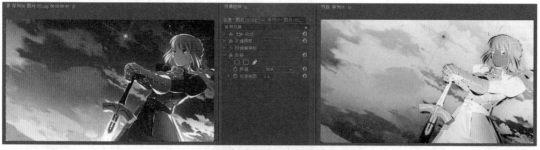

图7-115

2. 复合运算

【复合运算】可以通过数学计算的方式为素材添加组合效果，如图7-116所示。

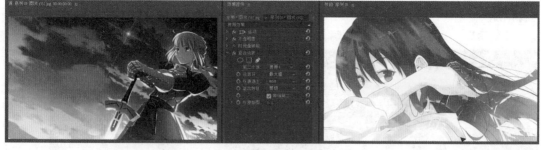

图7-116

3. 混合

【混合】可指定素材轨道间的混合效果，如图7-117所示。

图7-117

4. 算术

【算术】对素材色彩通道进行数学计算后添加效果，如图7-118所示。

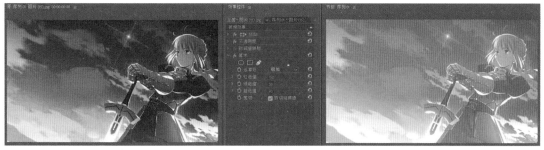

图7-118

5. 纯色合成

【纯色合成】效果是使一种颜色以不同的混合模式覆盖到素材上，如图7-119所示。

图7-119

6. 计算

【计算】效果可以设置不同轨道上素材的混合模式，如图7-120所示。

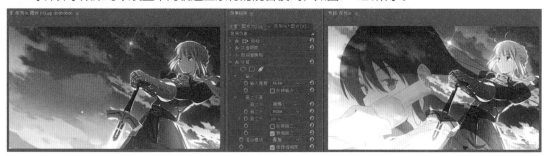

图7-120

7. 设置遮罩

【设置遮罩】可以组合两个素材，添加移动蒙版效果，如图7-121所示。

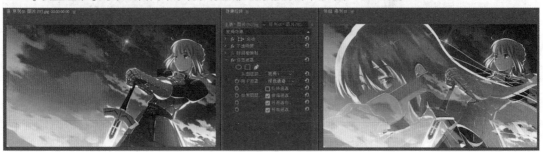

图7-121

7.3.17 键控类视频效果

键控类视频效果主要是对素材进行抠像处理。【键控】文件夹中包含9个视频效果，分别是【Alpha调整】、【亮度键】、【图像遮罩键】、【差值遮罩】、【移除遮罩】、【超级键】、【轨道遮罩键】、【非红色键】和【颜色键】，如图7-122所示。

图7-122

1. Alpha调整

【Alpha调整】效果可以利用素材的Alpha通道，对其抠像，如图7-123所示。

图7-123

2. 亮度键

【亮度键】效果可以抠取素材中明度较暗的区域，如图7-124所示。

图7-124

3. 图像遮罩键

【图像遮罩键】可以设置素材为蒙版，控制叠加的透明效果，如图7-125所示。

图7-125

4. 差值遮罩

【差值遮罩】效果可以去除两个素材中相匹配的区域，如图7-126所示。

图7-126

5. 移除遮罩

【移除遮罩】效果可以利用素材的红色、绿色、蓝色通道或Alpha通道，对其抠像，如图7-127所示。该效果在抠取素材白色或黑色部分效果明显。

图7-127

6. 超级键

【超级键】效果可以抠取素材中的某个颜色或相似颜色区域，如图7-128所示。

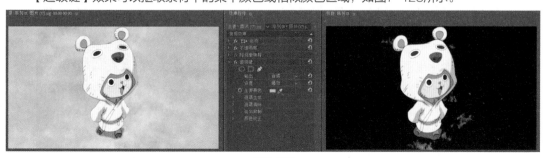

图7-128

7. 轨道遮罩键

【轨道遮罩键】效果可以设置某个轨道素材为蒙版，一般多用于动态抠取素材，如图7-129所示。

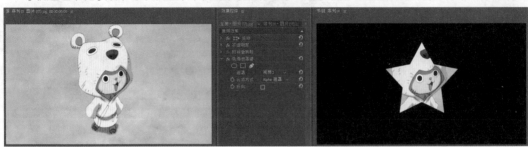

图7-129

8. 非红色键

【非红色键】效果可以同时去除素材中的蓝色和绿色背景，如图7-130所示。

图7-130

9. 颜色键

【颜色键】效果可以抠取素材中特定的某个颜色或某个颜色区域，与【色度键】效果类似，如图7-131所示。

图7-131

7.3.18　颜色校正类视频效果

颜色校正类视频效果主要是对素材颜色的校正调节。【颜色校正】文件夹中包含12个视频效果，分别是ASC CDL、【Lumetri颜色】、【亮度与对比度】、【分色】、【均衡】、【更改为颜色】、【更改颜色】、【色彩】、【视频限幅器】、【通道混合器】、【颜色平衡】和【颜色平衡(HLS)】，如图7-132所示。

图7-132

1. ASC CDL

ASC CDL效果是将素材颜色自动兼容到"颜色决定列表

(CDL)"体系中，使素材制作的颜色符合美国电影摄影协会制定的行业标准，如图7-133所示。

图7-133

2. Lumetri 颜色

【Lumetri 颜色】效果可链接外部Lumetri Looks颜色的分级引擎，对图像颜色进行校正，如图7-134所示。

图7-134

3. 亮度与对比度

【亮度与对比度】效果可调整素材的亮度和对比度，如图7-135所示。

图7-135

4. 分色

【分色】效果可以保留一种指定的颜色，其他颜色转化为灰度色，如图7-136所示。

图7-136

5. 均衡

　　【均衡】效果可对素材颜色属性进行均衡化处理，如图7-137所示。

图7-137

6. 更改为颜色

　　【更改为颜色】效果可将素材中的一种颜色替换为另一种颜色，如图7-138所示。

图7-138

7. 更改颜色

　　【更改颜色】效果可更改素材中选定颜色的色相、饱和度、亮度等常规颜色属性，如图7-139所示。

图7-139

8. 色彩

　　【色彩】效果是将素材中的黑白颜色映射为其他颜色，如图7-140所示。

图7-140

9. 视频限幅器

【视频限幅器】效果可为素材颜色限定范围，防止色彩溢出，如图7-141所示。

图7-141

10. 通道混合器

【通道混合器】效果通过调整素材通道参数，从而调整素材颜色，如图7-142所示。

图7-142

11. 颜色平衡

【颜色平衡】效果通过调整素材的阴影、中间调和高光区域属性，从而使素材颜色达到平衡，如图7-143所示。

图7-143

12. 颜色平衡(HLS)

【颜色平衡(HLS)】效果通过调整素材的色相、亮度、饱和度属性，从而使素材颜色达到平衡，如图7-144所示。

图7-144

7.3.19 风格化视频效果

风格化类视频效果主要是对素材进行艺术化处理。【风格化】文件夹中包含13个视频效果，分别是【Alpha发光】、【复制】、【彩色浮雕】、【抽帧】、【曝光过度】、【查找边缘】、【浮雕】、【画笔描边】、【粗糙边缘】、【纹理化】、【闪光灯】、【阈值】和【马赛克】，如图7-145所示。

图7-145

1. Alpha发光

【Alpha发光】可使素材Alpha通道边缘产生发光效果，如图7-146所示。

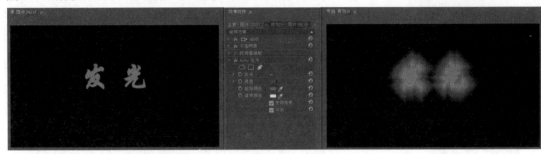

图7-146

2. 复制

【复制】效果可以在画面中创建多个图像副本，如图7-147所示。

图7-147

3. 彩色浮雕

【彩色浮雕】可使素材在不去除颜色的基础上产生立体浮雕效果，如图7-148所示。

图7-148

4. 抽帧

【抽帧】效果通过改变素材的颜色层次，从而调整素材的颜色，如图7-149所示。

图7-149

5. 曝光过度

【曝光过度】可模拟相机曝光过度的效果，如图7-150所示。

图7-150

6. 查找边缘

【查找边缘】效果是利用线条效果将素材对比高的区域勾勒出来，如图7-151所示。

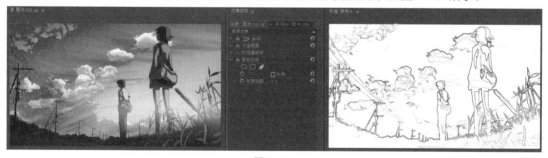

图7-151

7. 浮雕

【浮雕】可使素材产生立体浮雕效果，如图7-152所示。

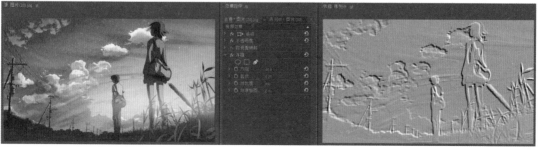

图7-152

8. 画笔描边

【画笔描边】可使素材模拟出笔触绘画的效果，如图7-153所示。

图7-153

9. 粗糙边缘

【粗糙边缘】效果可使素材边缘变得粗糙，如图7-154所示。

图7-154

10. 纹理化

【纹理化】可在当前图层中创建指定图层的浮雕纹理效果，如图7-155所示。

图7-155

11. 闪光灯

【闪光灯】可在素材中创建有规律时间间隔的闪光灯效果，如图7-156所示。

图7-156

12. 阈值

【阈值】可以调整素材为黑白效果，如图7-157所示。

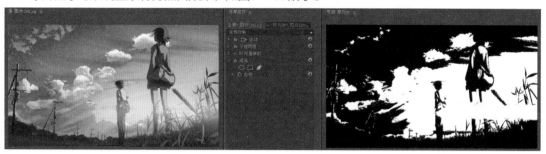

图7-157

13. 马赛克

【马赛克】可以调整素材为马赛克效果，如图7-158所示。

图7-158

7.4 文件夹效果

7.4.1 预设文件夹

【预设】文件夹就是将一些常用的设置好的视频效果添加到其中，以方便用户查找使用。【预设】文件夹中的视频效果可自带动画效果，这样可以提高制作效率。【预设】文件夹又按照视频效果的用途和风格等方式，细化分为8个文件夹，分别是【卷积内核】、【去除镜头扭曲】、【扭曲】、【斜角边】、【模糊】、【画中画】、【过度曝光】和【马赛克】文件夹，如图7-159所示。

图7-159

1. 卷积内核文件夹

【卷积内核】文件夹里的视频效果就是利用数学回转改变素材的亮度，可增加边缘的对比强度。【卷积内核】文件夹里包括10个视频效果，如图7-160所示。【卷积内核】文件夹中的【卷积内核浮雕】效果如图7-161所示。

图7-160

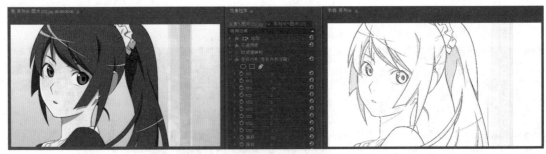

图7-161

2. 去除镜头扭曲文件夹

【去除镜头扭曲】文件夹里的特效就是使素材模拟镜头失真，素材画面产生凹凸变形的扭曲效果。【去除镜头扭曲】文件夹里包括2个层级的子文件夹，里面提供多种不同的样式效果，如图7-162所示。【去除镜头扭曲】文件夹中的【镜头扭曲(1080)】效果如图7-163所示。

图7-162

图7-163

3. 扭曲文件夹

【扭曲】文件夹里的特效就是对素材的出入点进行几何形体的变形处理。【扭曲】文件夹里包括【扭曲入点】和【扭曲出点】2个视频效果，并已设置好动画参数，如图7-164所示。【扭曲】文件夹中的【扭曲入点】效果如图7-165所示。

图7-164

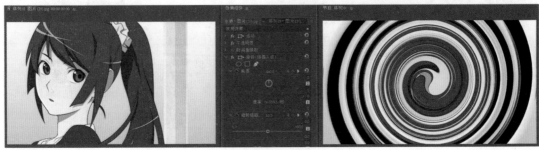

图7-165

4. 斜角边文件夹

　　【斜角边】文件夹里的特效就是为素材添加一个照明，使素材产生三维立体倾斜效果。【斜角边】文件夹里包括【厚斜角边】和【薄斜角边】2个视频效果，如图7-166所示。【斜角边】文件夹中的【厚斜角边】效果如图7-167所示。

图7-166

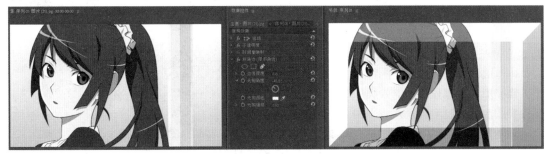

图7-167

5. 模糊文件夹

　　【模糊】文件夹里的特效就是使素材的出入点快速产生定向模糊的效果。【模糊】文件夹里包括【快速模糊入点】和【快速模糊出点】2个视频效果，并已设置好动画参数，如图7-168所示。【模糊】文件夹中的【快速模糊入点】效果如图7-169所示。

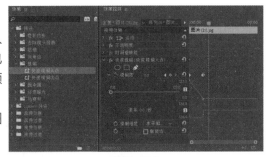

图7-168

图7-169

6. 画中画文件夹

　　【画中画】文件夹里的特效就是将素材以多种不同的方式缩放到画面中，呈现画中画效果。【画中画】文件夹里包括【25% LL】、【25% LR】、【25% UL】、【25% UR】和【25% 运动】5个子文件夹，里面提供多种不同样式的效果，多个视频效果已设置好动画参数，如图7-170所示。【画中画】文件夹中的【画中画25% UR 旋转入点】效果如图7-171所示。

图7-170

图7-171

7. 过度曝光文件夹

　　【过度曝光】文件夹里的特效就是使素材的出入点模拟相机曝光过度的效果。【过度曝光】文件夹里包括【过度曝光入点】和【过度曝光出点】2个视频效果，并已设置好动画参数，如图7-172所示。【过度曝光】文件夹中的【过度曝光入点】效果如图7-173所示。

图7-172

图7-173

8. 马赛克文件夹

　　【马赛克】文件夹里的特效就是调整素材的出入点为马赛克效果。【马赛克】文件夹里包括【马赛克入点】和【马赛克出点】2个视频效果，并已设置好动画参数，如图7-174所示。【马赛克】文件夹中的【马赛克入点】效果如图7-175所示。

图7-174

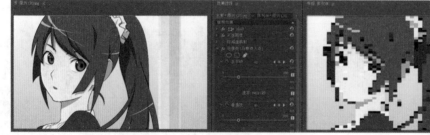

图7-175

7.4.2 Lumetri预设文件夹

【Lumetri预设】文件夹是Premiere Pro CC中新增加的视频效果，可应用预设的颜色分级效果。【Lumetri预设】文件夹又按照视频效果的颜色、色温、用途和风格等方式，细化分为4个文件夹，分别是Flimstocks、SpeedLooks、【单色】和【影片】，如图7-176所示。

图7-176

1. Flimstocks文件夹

Flimstocks文件夹里的视频效果可调节素材电影胶片颜色色温，文件夹里包括5种不同的颜色表达效果，并且右侧可以查看效果示意图，如图7-177所示。Flimstocks文件夹中的【Fuji F125 Kodak 2393】效果如图7-178所示。

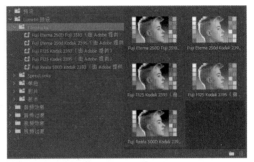

图7-177

图7-178

2. SpeedLooks文件夹

SpeedLooks文件夹里的视频效果可调节素材颜色风格，文件夹里包括Universal和【摄像机】2个子文件夹，里面提供多种不同颜色风格的表达效果，并且右侧可以查看效果示意图，如图7-179所示。SpeedLooks文件夹中的【SL蓝色Day4Nite(Universal)】效果如图7-180所示。

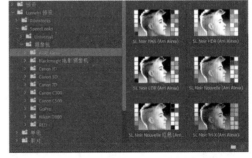

图7-179

图7-180

3. 单色文件夹

【单色】文件夹里的视频效果可调节素材黑白化颜色强弱，其中包括7种不同的颜色表达效果，并且右侧可以查看效果示意图，如图7-181所示。【单色】文件夹中的【黑白打孔】效果如图7-182所示。

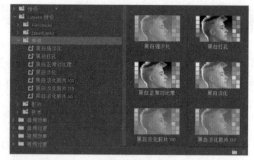

图7-181

图7-182

4. 影片文件夹

【影片】文件夹里的视频效果可调节素材颜色饱和度，其中包括7种不同的颜色表达效果，并且右侧可以查看效果示意图，如图7-183所示。【影片】文件夹中的【Cinespace 100】效果如图7-184所示。

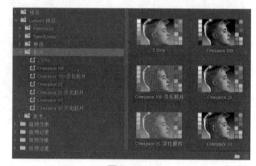

图7-183

图7-184

5. 技术文件夹

【技术】文件夹里的视频效果可合理转换Lumetri颜色，其中包括6种不同的颜色表达效果，并且右侧可以查看效果示意图，如图7-185所示。【技术】文件夹里的【合法范围转换为完整范围(12位)】效果如图7-186所示。

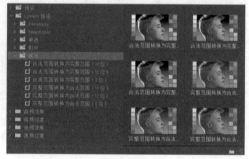

图7-185

图7-186

7.5 本章练习：动画海报

7.5.1 案例思路

(1) 利用【亮度键】效果抠取图像。

(2) 利用【渐变】和【亮度与对比度】效果调整素材颜色。

(3) 利用【线性擦除】、【百叶窗】和【径向擦除】效果制作过渡效果。

7.5.2 制作步骤

1. 设置项目

1 创建项目，设置项目名称为"动画海报"。

2 创建序列。在【新建序列】对话框中，设置序列格式为【HDV】→【HDV 720p25】，【序列名称】名称为"动画海报"。

3 导入素材。将"头脑01.jpg""头脑02.jpg""装饰.png""标题中文.png"和"标题英文.png"素材导入项目中，如图7-187所示。

2. 设置素材一

1 将【项目】面板中的"头脑02.jpg""头脑01.jpg""标题中文.png""标题英文.png"和"装饰.png"素材文件分别拖动到视频轨道【V1】~【V5】上，如图7-188所示。

2 选择视频轨道【V2】中的"头脑01.jpg"素材，然后双击【效果】面板中的【视频效果】→【键控】→【亮度键】效果，如图7-189所示。

3 选择视频轨道【V3】中的"标题中文.png"素材，然后双击【效果】面板中的【视频效果】→【生成】→【渐变】效果和【过渡】→【线性擦除】效果。

图7-187

图7-188

图7-189

4 在"标题中文.png"素材的【效果控件】面板中，设置【位置】为(880.0,400.0)。设置【渐变】效果的【起始颜色】为(0,255,255)，【结束颜色】为(255,255,150)，如图7-190所示。

5 将【当前时间指示器】移动到00:00:00:00位置，设置【线性擦除】效果的【过渡完成】为95%，【擦除角度】为250.0°；将【当前时间指示器】移动到00:00:00:12位置，设置【过渡完成】为10%，如图7-191所示。

3. 设置素材二

1 在"标题英文.png"素材的【效果控件】面板中，设置【位置】为(640.0,145.0)。将【当前时间指示器】移动到00:00:01:00位置，设置【不透明度】为0.0%；将【当前时间指示器】移动到00:00:01:10位置，设置【不透明度】为100%，如图7-192所示。

图7-190

图7-191

图7-192

2 选择视频轨道【V4】中的"标题英文.png"素材，然后双击【效果】面板中的【视频效果】→【过渡】→【百叶窗】效果。

3 将【当前时间指示器】移动到00:00:02:00位置，设置【百叶窗】效果的【过渡完成】为0%，【方向】为45.0°，【宽度】为5；将【当前时间指示器】移动到00:00:02:10位置，设置【过渡完成】为40%，如图7-193所示。

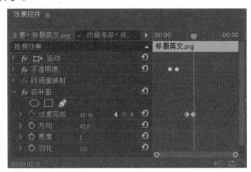

图7-193

4 为素材添加特效效果。先选择视频轨道【V5】中的"装饰.png"素材，然后双击【效果】面板中的【视频效果】→【颜色校正】→【亮度与对比度】效果和【过渡】→【径向擦除】效果。

5 在"装饰.png"素材的【效果控件】面板中，设置【亮度与对比度】效果的【亮度】为-30.0，【对比度】为-50.0，如图7-194所示。

图7-194

6 将【当前时间指示器】移动到00:00:03:00位置，设置【径向擦除】效果的【过渡完成】为85%；将【当前时间指示器】移动到00:00:03:20位置，设置【过渡完成】为15%，如图7-195所示。

图7-195

7 在【节目监视器】面板上查看最终动画效果，如图7-196所示。

图7-196

第8章
视频过渡效果

- 视频过渡效果概述
- 编辑视频过渡效果
- 各类视频过渡效果介绍
- 本章练习：陆战队

视频过渡又称为视频切换，是指镜头与镜头之间的过渡衔接。视频过渡就是前一个素材逐渐消失，后一个素材逐渐显现的过程。使用过渡效果可以使镜头组接得更细微或更具有风格化。视频过渡效果就是对两个视频素材之间进行效果过渡处理。Premiere Pro CC中提供了大量的视频过渡效果以供使用。

8.1 视频过渡效果概述

过渡效果是对两个素材之间的过渡处理，也可以作用于单个素材的入点或出点位置。Premiere Pro CC中提供大量的视频过渡效果，并根据它们类型特点的不同，分别放置在8个文件夹中。这8个文件夹的分类分别是【3D运动】、【划像】、【擦除】、【沉浸式视频】、【溶解】、【滑动】、【缩放】和【页面剥落】，如图8-1所示。这些效果可使视频素材之间产生特殊的过渡效果，以达到制作需求。

图8-1

8.2 编辑视频过渡效果

Premiere Pro CC中的视频效果与视频过渡效果是有区别的，虽然有些效果处理后的画面效果相同，但在制作技巧上略有不同。前者是对单个视频素材进行效果变化处理，后者主要是对两个视频素材之间的过渡效果进行处理。

8.2.1 添加过渡效果

添加过渡效果，只需将过渡效果拖动到相邻两个素材之间即可，如图8-2所示。

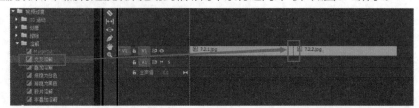

图8-2

8.2.2 替换过渡效果

替换视频过渡效果，只需将新的过渡效果覆盖在原有的过渡效果之上即可，不必清除先前的过渡效果，如图8-3所示。

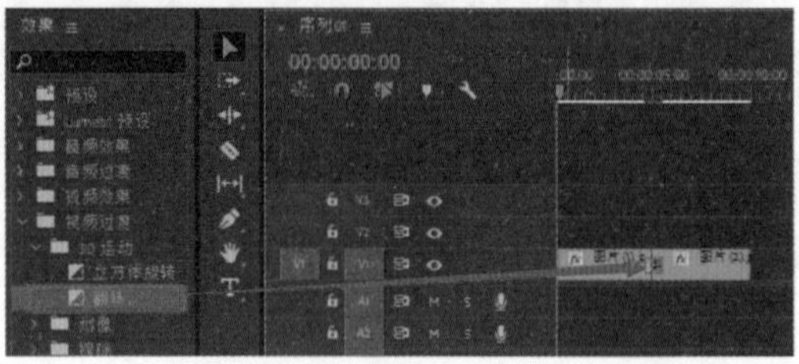

【课堂练习】：替换过渡效果

1 将【项目】面板中的"图片(1).jpg"和"图片(2).jpg"素材拖动至视频轨道【V1】上，并添加【效果】面板中的【视频过渡】→【划像】→【圆划像】效果，如图8-4所示。

2 将【视频过渡】→【划像】→【菱形划像】效果拖动到刚刚添加【圆划像】效果的位置，替换原过渡效果，如图8-5所示。

图8-3

图8-4　　　　　　　　　　　　　　图8-5

8.2.3　查看或修改过渡效果

在【效果控件】面板中，可以查看或修改视频过渡效果，以达到制作需要，如图8-6所示。

※ 参数详解

【播放过渡】：单击播放按钮可预览过渡效果。

【持续时间】：设置过渡效果持续时间。

【开始】、【结束】：设置开始和结束的百分比。

【显示实际源】：显示过渡的图片。

【反向】：勾选该复选框，运动效果将反向运行。

【对齐】：设置过渡效果对齐方式。视频过渡效果的作用区域是可以自由调整的，可以将过渡效果偏向于某个素材方向，包括【中心切入】、【起点切入】、【终点切入】和【自定义起点】4个选项，如图8-7所示。

图8-6

【中心切入】：添加过渡效果到两个素材的中间处，此为默认对齐方式。

【起点切入】：添加过渡效果到第二个的开始位置。

【终点切入】：添加过渡效果到第一个的结束位置。

图8-7

【自定义起点】：通过鼠标拖动，自定义过渡效果开始和结束的位置。

【课堂练习】：修改过渡效果

1 将【项目】面板中的"图片(1).jpg"和"图片(2).jpg"素材文件拖动至视频轨道【V1】上，并添加【效果】面板中的【视频过渡】→【滑动】→【带状滑动】过渡效果，如图8-8所示。单击素材之间的【带状滑动】过渡效果，激活【效果控件】面板，查看效果参数。

图8-8

2 在【效果控件】面板中，设置【边缘选择器】为"自东北向西南"，【开始】为20.0，【结束】为80.0，勾选【显示实际源】复选框，【边框宽度】为10.0，【边框颜色】为(255,0,255)，勾选【反向】复选框，如图8-9所示。

3 单击【自定义】按钮，在【带状滑动设置】对话框中，设置【带数量】为10，如图8-10所示。

8.2.4 修改持续时间

视频过渡效果的持续时间是可以自由调整的，常用的方法有5种。

◆ 在【效果控件】面板中，直接修改数值，或滑动鼠标左键改变数值，如图8-11所示。

◆ 对【效果控件】面板上的过渡效果边缘进行拖动，以改变过渡效果的持续时间，如图8-12所示。

◆ 对【时间轴】面板上的过渡效果边缘进行拖动，以加长或缩短过渡效果的持续时间，如图8-13所示。

◆ 执行【时间轴】面板上过渡效果右键菜单中的【设置过渡持续时间】命令。

◆ 双击【时间轴】面板上的过渡效果，在弹出的【设置过渡持续时间】对话框中，修改持续时间。

图8-9

图8-10

图8-11

图8-12

图8-13

8.2.5　删除过渡效果

删除视频过渡效果，只需在视频过渡效果上执行右键菜单中的【清除】命令即可，或选中序列中的过渡效果，按【Delete】键。

8.3　各类视频过渡效果介绍

8.3.1　3D运动类视频过渡效果

3D运动类视频过渡效果主要是模拟在三维空间中，使素材在空间中产生变换的效果。【3D运动】文件夹中包含2个视频过渡效果，分别是【立方体旋转】和【翻转】效果，如图8-14所示。

图8-14

1. 立方体旋转

【立方体旋转】是模拟素材为立方体相邻的两面，以立方体的转动而产生素材切换的过渡效果，如图8-15所示。

图8-15

2. 翻转

【翻转】是模拟素材为面片的两面，以水平或垂直方向翻转而产生素材切换的过渡效果，如图8-16所示。

图8-16

8.3.2　划像类视频过渡效果

划像类视频过渡效果主要是第一个素材以某种形状划像而出，然后逐渐显示第二个素材的过程效果。【划像】文件夹中包含4个视频过渡效果，分别是【交叉划像】、【圆划像】、【盒形划像】和【菱形划像】，如图8-17所示。

图8-17

1. 交叉划像

【交叉划像】是第二个素材以十字的形状，从画面中心由小到大逐渐覆盖第一个素材的过渡效果，如图8-18所示。

图8-18

2. 圆划像

【圆划像】是第二个素材以圆形的形状，从画面中心由小到大逐渐覆盖第一个素材的过渡效果，如图8-19所示。

图8-19

【课堂练习】：圆划像

1 将【项目】面板中的"卡通01.jpg"和"卡通02.jpg"素材文件拖动至视频轨道【V1】上，如图8-20所示。

2 将【效果】面板中的【视频切换】→【划像】→【圆划像】效果添加到素材之间，如图8-21所示。

图8-20   图8-21

3 在【节目监视器】面板中查看效果，如图8-22所示。

图8-22

3. 盒形划像

【盒形划像】是第二个素材以矩形的形状，从画面中心由小到大逐渐覆盖第一个素材的过渡效果，如图8-23所示。

图8-23

4. 菱形划像

【菱形划像】是第二个素材以菱形的形状，从画面中心由小到大逐渐覆盖第一个素材的过渡效果，如图8-24所示。

图8-24

8.3.3 擦除类视频过渡效果

擦除类视频过渡效果主要是以多种不同的形式逐渐擦除第一个素材，逐渐显示第二个素材的过渡效果。【擦除】文件夹中包含17个视频过渡效果，分别是【划出】、【双侧平推门】、【带状擦除】、【径向擦除】、【插入】、【时钟式擦除】、【棋盘】、【棋盘擦除】、【楔形擦除】、【水波块】、【油漆飞溅】、【渐变擦除】、【百叶窗】、【螺旋框】、【随机块】、【随机擦除】和【风车】，如图8-25所示。

图8-25

1. 划出

【划出】是第二个素材从画面一侧向另一侧划出，直到覆盖住第一个素材，占满整个屏幕画面的过渡效果，如图8-26所示。

图8-26

2. 双侧平推门

【双侧平推门】是模拟自动门的效果，第二个素材从画面两侧向中心擦除，直到覆盖住第一个素材，占满整个屏幕画面的过渡效果，如图8-27所示。

图8-27

3. 带状擦除

【带状擦除】是第二个素材以矩形条带的形状从画面左右两侧擦除，逐渐覆盖第一个素材，占满整个屏幕画面的过渡效果，如图8-28所示。

图8-28

4. 径向擦除

【径向擦除】是第二个素材以屏幕某一角作为圆心，逐渐擦除第一个素材显现第二个素材的过渡效果，如图8-29所示。

图8-29

5. 插入

【插入】是第二个素材从屏幕某一角插入，并且第二个素材以矩形形状逐渐放大，直到覆盖住第一个素材，占满整个屏幕画面的过渡效果，如图8-30所示。

图8-30

6. 时钟式擦除

【时钟式擦除】是第二个素材以屏幕中心作为圆心，以表针旋转的方式逐渐擦除第一个素材显现第二个素材的过渡效果，如图8-31所示。

图8-31

7. 棋盘

【棋盘】是将屏幕分成若干个小矩形，第二个素材以小矩形的形式逐渐覆盖第一个素材，占满整个屏幕画面的过渡效果，如图8-32所示。

图8-32

8. 棋盘擦除

【棋盘擦除】是将屏幕分成若干个小矩形，第二个素材以小矩形的形式逐渐擦除第一个素材，占满整个屏幕画面的过渡效果，如图8-33所示。

图8-33

9. 楔形擦除

【楔形擦除】是第二个素材在屏幕中心，以扇形展开的方式逐渐覆盖第一个素材，占满整个屏幕画面的过渡效果，如图8-34所示。

图8-34

10. 水波块

【水波块】是第二个素材以水波条带的形式，从屏幕左上方，以Z字形逐行擦除到屏幕右下方，直到占满整个屏幕画面的过渡效果，如图8-35所示。

图8-35

11. 油漆飞溅

【油漆飞溅】是第二个素材以油漆染料泼洒飞溅出的形状，逐渐覆盖第一个素材，占满整个屏幕画面的过渡效果，如图8-36所示。

图8-36

12. 渐变擦除

【渐变擦除】是第二个素材擦除整个画面，并使用所选择灰度图像的亮度值确定替换第一个素材图像区域的过渡效果，如图8-37所示。

图8-37

13. 百叶窗

【百叶窗】是模拟百叶窗逐渐打开的方式，第二个素材逐渐覆盖第一个素材，占满整个屏幕画面的过渡效果，如图8-38所示。

图8-38

14. 螺旋框

【螺旋框】是第二个素材以螺旋状旋转的形式，逐渐覆盖第一个素材，占满整个屏幕画面的过渡效果，如图8-39所示。

图8-39

15. 随机块

【随机块】是第二个素材以随机的小矩形块的形式逐渐擦除第一个素材，占满整个屏幕画面的过渡效果，如图8-40所示。

图8-40

16. 随机擦除

【随机擦除】是第二个素材以随机小矩形块的形式，由上到下逐行擦除第一个素材，占满整个屏幕画面的过渡效果，如图8-41所示。

图8-41

17. 风车

【风车】过渡效果是第二个素材以风车旋转的方式，逐渐覆盖第一个素材，占满整个屏幕画面的过渡效果，如图8-42所示。

图8-42

【课堂练习】：风车

1️⃣ 将【项目】面板中的"框中人01.jpg"和"框中人02.jpg"素材文件拖动至视频轨道【V1】上，如图8-43所示。

2️⃣ 将【效果】面板中的【视频过渡】→【擦除】→【风车】过渡效果添加到素材之间，如图8-44所示。

图8-43

3️⃣ 激活【风车】效果的【效果控件】面板，单击【自定义】按钮，在【风车设置】对话框中设置【楔形数量】为10，如图8-45所示。

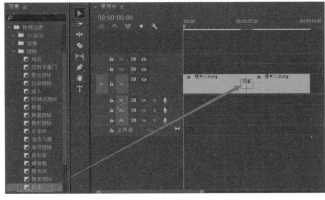

图8-44　　　　　　　　　　　　　　　图8-45

4 在【节目监视器】面板中查看效果，如图8-46所示。

图8-46

8.3.4　沉浸式视频过渡效果

沉浸式视频过渡效果主要是为沉浸式视频之间添加过渡效果。【沉浸式视频】文件夹中包含8个过渡效果，分别是【VR光圈擦除】、【VR光线】、【VR渐变擦除】、【VR漏光】、【VR球形模糊】、【VR色度泄漏】、【VR随机块】和【VR默认乌斯缩放】，如图8-47所示。

8.3.5　溶解类视频过渡效果

溶解类视频过渡效果主要是第一个素材逐渐淡出，第二个素材逐渐显现的过渡效果。【溶解】文件夹中包含7个视频过渡效果，分别是MorphCut、【交叉溶解】、【叠加溶解】、【渐隐为白色】、【渐隐为黑色】、【胶片溶解】和【非叠加溶解】，如图8-48所示。

图8-47　　　　　　图8-48

1. MorphCut

MorphCut是让两个剪辑素材之间进行融合过渡，达到无缝剪辑的目的，使视频中的跳切镜头过渡得更为流畅，如图8-49所示。

图8-49

2. 交叉溶解

【交叉溶解】是第一个素材淡出的同时，第二个素材逐渐显现的过渡效果，如图8-50所示。这也是最为常用的效果之一，是默认过渡效果。

图8-50

【课堂练习】：交叉溶解

1 将【项目】面板中的"鸭嘴兽01"至"鸭嘴兽04.jpg"素材文件拖动至视频轨道【V1】上，如图8-51所示。

2 将【效果】面板中的【视频过渡】→【溶解】→【交叉溶解】过渡效果添加到素材"鸭嘴兽01.jpg"和"鸭嘴兽02.jpg"素材之间，如图8-52所示。

图8-51   图8-52

3 将鼠标指针移动到素材"鸭嘴兽02.jpg"和"鸭嘴兽03.jpg"之间的编辑点处，并执行右键菜单中的【应用默认过渡】命令，如图8-53所示。

4 激活素材"鸭嘴兽03.jpg"和"鸭嘴兽04.jpg"之间的编辑点，并按快捷键【Ctrl+D】，如图8-54所示。

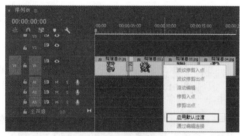

图8-53   图8-54

5 在【节目监视器】面板中查看效果，如图8-55所示。

图8-55

3. 叠加溶解

【叠加溶解】是第一个素材变亮曝光叠化渐变到第二个素材的过渡效果，如图8-56所示。

图8-56

4. 渐隐为白色

【渐隐为白色】是第一个素材逐渐淡化到白色，然后再从白色渐变到第二个素材的过渡效果，如图8-57所示。

图8-57

5. 渐隐为黑色

【渐隐为黑色】是第一个素材逐渐淡化到黑色，然后再从黑色渐变到第二个素材的过渡效果，如图8-58所示。

图8-58

6. 胶片溶解

【胶片溶解】是使第一个素材产生胶片朦胧的效果，然后再渐变到第二个素材的过渡效果，如图8-59所示。该效果比【交叉溶解】过渡效果的画质更为细腻一些。

图8-59

7. 非叠加溶解

【非叠加溶解】是将第二个素材高亮的部分直接叠加到第一个素材上，然后再渐变到第二个素材的过渡效果，如图8-60所示。

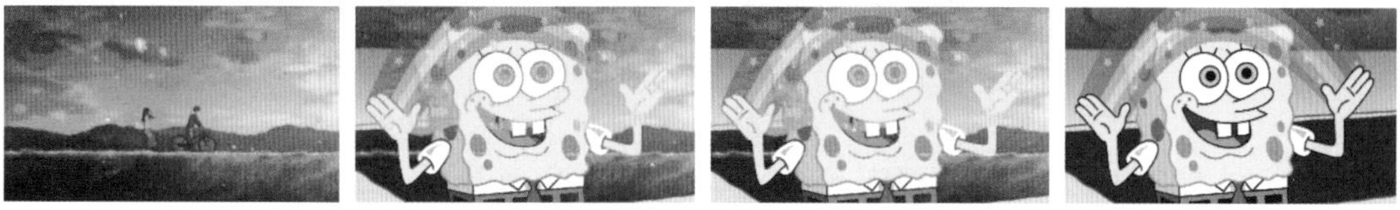

图8-60

8.3.6 滑动类视频过渡效果

滑动类视频过渡效果主要是素材之间以多种不同形式滑入滑出的过渡效果。【滑动】文件夹中包含5个视频过渡效果，分别是【中心拆分】、【带状滑动】、【拆分】、【推】和【滑动】，如图8-61所示。

图8-61

1. 中心拆分

【中心拆分】是将第一个素材从中心分裂成4块，并向屏幕四角滑动移出，从而显现第二个素材的过渡效果，如图8-62所示。

图8-62

2. 带状滑动

【带状滑动】是第二个素材以矩形条带的形状从画面左右两侧滑入，逐渐覆盖第一个素材，占满整个屏幕画面的过渡效果，如图8-63所示。

图8-63

3. 拆分

【拆分】是将第一个素材从中心分裂成2块，并向屏幕两侧滑动移出，从而显现第二个素材的过渡效果，如图8-64所示。

图8-64

4. 推

【推】是使第二个素材从屏幕一侧将第一个素材推出屏幕另一侧的过渡效果，如图8-65所示。

图8-65

5. 滑动

【滑动】是将第二个素材从屏幕一侧滑入，逐渐覆盖第一个素材，占满整个屏幕画面的过渡效果，如图8-66所示。

图8-66

8.3.7　缩放类视频过渡效果

缩放类视频过渡效果主要是素材间以缩放形式进行过渡效果。
【缩放】文件夹中只包含1个视频过渡效果，就是【交叉缩放】，
如图8-67所示。

图8-67

【交叉缩放】是将第二个素材从屏幕中心逐渐放大，逐渐覆盖第一个素材，占满整个屏幕画面
的过渡效果，如图8-68所示。

图8-68

8.3.8　页面剥落类视频过渡效果

页面剥落类视频过渡效果主要是模拟书籍翻页的效果。【页面
剥落】文件夹中包含2个视频过渡效果，分别是【翻页】和【页面
剥落】，如图8-69所示。

图8-69

1. 翻页

【翻页】是将第一个素材从屏幕一角翻起，从而显现第二个素材的过渡效果。卷起后的背面显
示第一个素材的颠倒画面，但不显示卷曲效果，如图8-70所示。

图8-70

2. 页面剥落

【页面剥落】是将第一个素材像翻书页一样从屏幕一角翻起，从而显现第二个素材的过渡效
果，如图8-71所示。

图8-71

8.4 本章练习：陆战队

(1) 在【项目】面板中，设置素材持续时间。

(2) 使用【推】效果制作标题出现的画面。

(3) 使用【3D运动】、【划像】和【溶解】文件夹中的效果设置过渡效果。

8.4.2 制作步骤

1. 设置项目

1 创建项目，设置项目名称为"陆战队"。

2 创建序列。在【新建序列】对话框中，设置序列格式为【HDV】→【HDV 720p25】，【序列名称】名称为"陆战队"。

3 导入素材。将"陆战队01.jpg"至"陆战队09.jpg""标题背景.jpg""标题.png"和"陆战队.mp3"素材导入项目中，如图8-72所示。

2. 设置片头

1 选择【项目】面板中的"陆战队01.jpg"至"陆战队09.jpg"素材，执行右键菜单中的【速度/持续时间】命令，设置【持续时间】为00:00:02:00，如图8-73所示。

图8-72

2 选择【项目】面板中的"标题背景.jpg"和"标题.png"素材，执行右键菜单中的【速度/持续时间】命令，设置【持续时间】为00:00:03:00。

3 将【项目】面板中的"标题背景.jpg"和"标题.png"素材文件分别拖动至视频轨道【V1】和【V2】上，如图8-74所示。

图8-73

图8-74

4 激活"标题.png"素材的【效果控件】面板，设置【运动】→【位置】为(1050.0,115.0)，如图8-75所示。

5 激活【效果】面板，将【视频过渡】→【滑动】→【推】效果添加到"标题.png"素材入点位置上，如图8-76所示。

图8-75

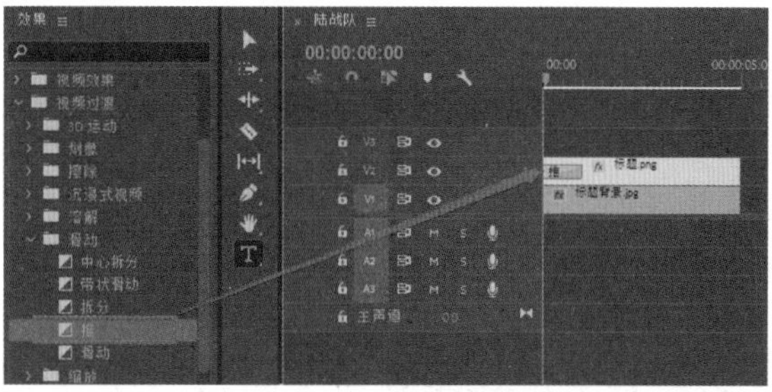

图8-76

6 单击素材上的【推】过渡效果，激活【效果控件】面板，设置【边缘选择器】为"自北向南"，【持续时间】为00:00:00:15，如图8-77所示。

7 选择视频轨道中的素材，执行右键菜单中的【嵌套】命令，如图8-78所示。

图8-77

3. 设置过渡效果

1 将【当前时间指示器】移动到00:00:02:00位置，然后将【项目】面板中的"陆战队01.jpg"至"陆战队09.jpg"素材拖动到视频轨道【V1】上的00:00:02:00位置，如图8-79所示。

图8-78

图8-79

2 激活【效果】面板，将【视频过渡】→【3D运动】和【划像】文件夹中的过渡效果，以及【溶解】文件夹中的【交叉溶解】、【叠加溶解】和【渐隐为黑色】过渡效果，依次拖动到序列素材之间的编辑点处，如图8-80所示。

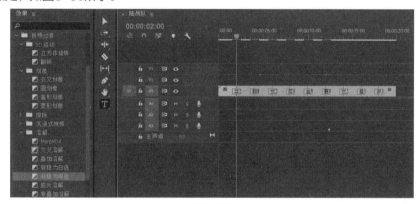

图8-80

3 在序列出点位置上，执行右键菜单中的【应用默认过渡】命令。

4 将【项目】面板中的"陆战队.mp3"素材文件拖动至音频轨道【A1】上，如图8-81所示。

5 在【节目监视器】面板上查看最终动画效果，如图8-82所示。

图8-81

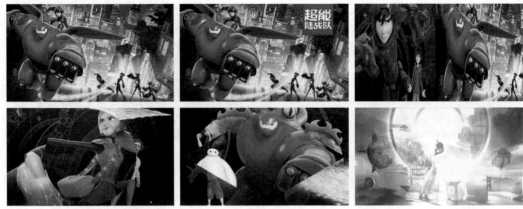

图8-82

第9章
音频效果

- 数字音频基础知识
- 编辑音频效果
- 各类音频效果介绍
- 音频过渡效果
- 本章练习：动画声音

影视动画是声画结合的产物，是由视频和音频两个部分组成。影视动画作品中的声音包括3种类型，分别是人声、音效和背景音乐。影视动画中的声音具有模拟真实、表达思想、烘托气氛的作用。Adobe Premiere Pro CC具有强大的音频处理功能，能够录制声音，编辑音频素材，添加特殊效果。

9.1 数字音频基础知识

Premiere Pro CC中所使用的音频文件都属于数字音频文件，是计算机以数据的形式将电平信号转化成二进制数据形式保存的。每个含有音频的文件都包含许多专业的音频信息，如图9-1所示。人耳可以听到的声音频率在20Hz～20kHz之间的声波。了解这些相关的音频知识，可以更有效地对音频文件进行编辑使用。

图9-1

1. 采样率

采样率就是采用一段音频，作为样本。简单地说就是通过波形采样的方法记录1秒长度的声音，需要多少个数据。最常用的采样率是44.1kHz，它的意思是每秒取样44100次。原则上采样率越高，声音的质量越好。

2. 比特率

比特率是指每秒传送的比特(bit)数。单位为bps(Bit Per Second)，比特率越高，传送数据速度越快。声音中的比特率是指将模拟声音信号转换成数字声音信号后，单位时间内的二进制数据量，是间接衡量音频质量的一个指标。

16比特就是指把波形的振幅划分为2^16即65536个等级，根据模拟信号的轻响把它划分到某个等级中去，就可以用数字来表示了。和采样率一样，比特率越高，越能细致地反映乐曲的轻响变化。

3. 声道

声道(Sound Channel) 是指声音在录制或播放时，在不同空间位置采集或播放的相互独立的音频信号，所以声道数也就是声音录制时的音源数量或播放时相应的扬声器数量。声卡所支持的声道数是衡量声卡档次的重要指标之一，从单声道到最新的环绕立体声。

4. 单声道

单声道是比较原始的声音复制形式，早期的声卡采用的比较普遍。当通过两个扬声器回放单声道信息时，我们可以明显感觉到声音是从两个音箱中间传递到我们耳朵里的。

5. 立体声

立体声就是声音在录制过程中被分配到两个独立的声道，从而达到很好的声音定位效果。这种技术在音乐欣赏中显得尤为有用，听众可以清晰地分辨出各种乐器来自的方向，从而使音乐更富想象力，更加接近于临场感受。

6. 5.1声道

5.1声道已广泛运用于各类传统影院和家庭影院中，一些比较知名的声音录制压缩格式，比如，杜比AC-3(Dolby Digital)、DTS等都是以5.1声音系统为技术蓝本的，其中".1"声道，则是一个专门设计的超低音声道，这一声道可以产生频响范围20～120Hz的超低音。

9.2 编辑音频效果

Premiere Pro CC中提供了音频编辑工具和大量的音频效果。这些效果主要放置在【音频效果】和【音频过渡】两个文件夹下，处理方式与视频效果类似，方便用处操作编辑。

9.2.1 添加音频效果

对素材添加音频效果的方法与视频类似，常用的方法有以下几种。

◆ 将效果拖动到素材上，如图9-2所示。

◆ 将效果拖动到【效果控件】面板上。

◆ 选中素材后双击需要的音频效果。

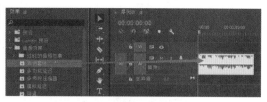

图9-2

9.2.2 修改音频效果

添加音频效果后就要为其修改参数，以达到需要的效果，如图9-3所示。

图9-3

9.2.3 音频效果属性动画

修改音频效果属性参数添加动画关键帧，可以使声音产生变化效果。

9.2.4 复制音频效果

可以将音频效果复制到另一个音频素材上，也可以在同一素材上复制多个音频效果。

9.3 各类音频效果介绍

9.3.1 音频效果

音频效果可以使音频素材产生特殊的效果变化。【音频效果】文件夹中包含64个音频效果，分别是【吉他套件】、【多功能延迟】、【多频段压缩器】、【模拟延迟】、【带通】、【用右侧填充左侧】、【用左侧填充右侧】、【电子管建模压缩器】、【强制限幅】、【Binauralizer - Ambisonics】、【FFT滤波器】、【扭曲】、【低通】、【低音】、【Panner - Ambisonics】、【平衡】、【单频段压缩器】、【镶边】、【陷波滤波器】、【卷积混响】、【静音】、【简单的陷波滤波器】、【简单的参数均衡】、【互换声道】、【人声增强】、【动态】、【动态处理】、【参数均衡器】、【反转】、【和声/镶边】、【图形均衡器(10段)】、【图形均衡器(20段)】、【图形均衡器(30段)】、【声道音量】、【室内混响】、【延迟】、【母带处理】、【消除齿音】、【消除嗡嗡声】、【环绕声混响】、【科学滤波器】、【移相器】、【立体声扩展器】、【自适应降噪】、【自动咔嗒声移除】、【雷达响度计】、【音量】、【音高换挡器】、【高通】和【高音】等效果，如图9-4所示。

图9-4

1. 吉他套件

　　【吉他套件】效果是可以优化和改变吉他音轨声音的处理器，其参数设置如图9-5所示。

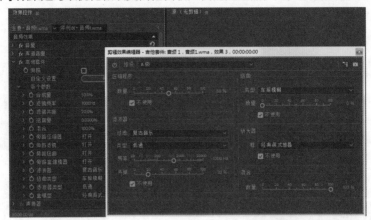

图9-5

2. 多功能延迟

　　【多功能延迟】效果为音频添加素材4层回音效果，其参数设置如图9-6所示。

3. 多频段压缩器

　　【多频段压缩器】效果是一种三频段压缩器，其中有对应每个频段的控件，其参数设置如图9-7所示。当需要更柔和的声音压缩器时，可使用此效果代替"动力学"中的压缩器。

图9-6

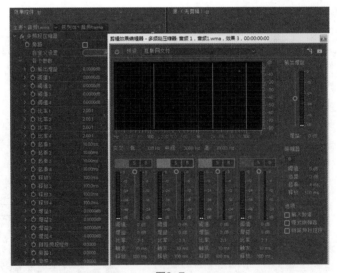

图9-7

4. 带通

　　【带通】效果是消除音频素材中不需要的高低波段频率，其参数设置如图9-8所示。

5. 用右侧填充左侧

【用右侧填充左侧】效果是将音频素材右声道的音频信号复制并替换到左声道上，其参数设置如图9-9所示。

图9-8

6. 用左侧填充右侧

【用左侧填充右侧】效果是将音频素材左声道的音频信号复制并替换到右声道上，其参数设置如图9-10所示。

图9-9

图9-10

7. 扭曲

【扭曲】效果可将少量砾石和饱和效果应用于任何音频，其参数设置如图9-11所示。

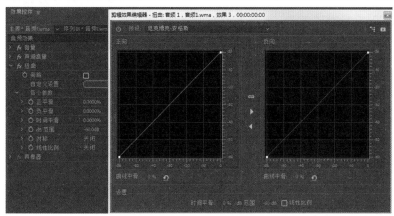

图9-11

8. 低通

【低通】效果是设置音频素材中的指定频率数值，消除低于设定值的低频频率，保留高频频率，可以产生清脆的高音效果，其参数设置如图9-12所示。

9. 低音

【低音】效果用于调整音频素材中的低音分贝音量，改变低音效果，其参数设置如图9-13所示。

图9-12

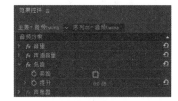

图9-13

【课堂练习】：低音

1 将"音频2.mp3"素材文件拖动到音频轨道【A1】上，如图9-14所示。

2 选中序列中的"音频2.mp3"素材，然后双击【音频效果】→【低音】效果，如图9-15所示。

3 在【效果控件】面板中，设置【低音】的【提升】为24.0dB，如图9-16所示。

  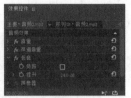

图9-14　　　　　　　　图9-15　　　　　　　　图9-16

4 制作完成后，可以在【节目监视器】面板上欣赏最终声音效果。

10. 平衡

【平衡】效果是调整音频素材左右声道的音量大小，其参数设置如图9-17所示。

11. 镶边

【镶边】通过混合与原始信号大致等比例的可变短时间延迟来产生效果，其参数设置如图9-18所示。

图9-17

12. 卷积混响

【卷积混响】效果就是在一个位置录制声音，然后将音响效果应用到不同的录制内容，使它听起来像在原始环境中录制的一样，其参数设置如图9-19所示。

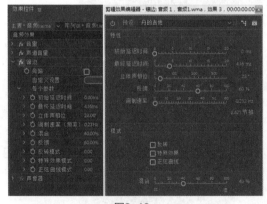 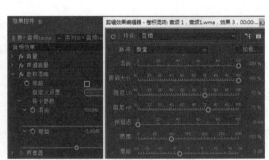

图9-18　　　　　　　　　　　　　图9-19

13. 静音

【静音】效果是对音频素材或音频素材的左右声道的静音效果进行处理，其参数设置如图9-20所示。

图9-20

14. 简单的参数均衡

【简单的参数均衡】效果是精确地调整音频素材指定范围内的频率波段，其参数设置如图9-21所示。

15. 互换声道

【互换声道】效果是交换音频素材中的左右声道，其参数设置如图9-22所示。

图9-21

图9-22

16. 动态

【动态】效果是针对音频素材的中频信号进行调节，可以扩大或删除指定范围的音频信号，从而突出主体信号的音量，可以控制声音的柔和程度，其参数设置如图9-23所示。

17. 参数均衡器

【参数均衡器】用于实现音频参数均衡效果，可以设置音频素材中的声音频率、带宽、波段和多重波段均衡效果，其参数设置如图9-24所示。

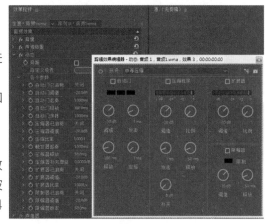

图9-23

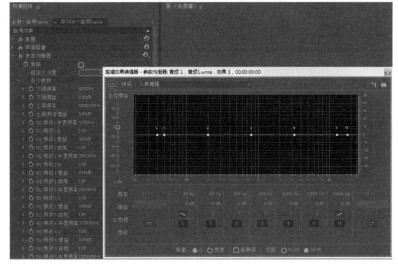

图9-24

18. 反转

【反转】效果可以反转声道状态，其参数设置如图9-25所示。

19. 声道音量

【声道音量】效果可用于独立控制立体声、5.1 剪辑或轨道中的每条声道的音量，其参数设置如图9-26所示。每条声道的音量级别以分贝衡量。

图9-25

20. 延迟

【延迟】可为音频素材添加回声效果，其参数设置如图9-27所示。

图9-26　　　　　　　　　　　　　　　　图9-27

21. 清除齿音

【消除齿音】用于清除音频素材录制时产生的齿音效果，使人物语言声音更加清楚，其参数设置如图9-28所示。

22. 清除嗡嗡声

【消除嗡嗡声】效果从音频中消除不需要的50 Hz/60 Hz嗡嗡声，其参数设置如图9-29所示。此效果适用于5.1、立体声或单声道素材。

23. 移相器

【移相器】效果接收输入信号的一部分，使相位移动一个变化的角度，然后将其混合回原始信号，其参数设置如图9-30所示。

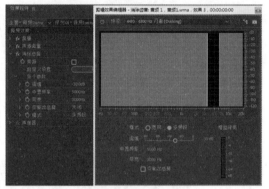

图9-28

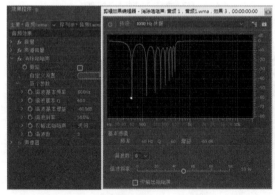

图9-29

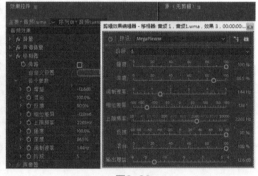

图9-30

24. 自动咔嗒声移除

【自动咔嗒声移除】效果是为音频素材自动降低或消除各种噪音，其中20Hz以下的音频都会被自动消除掉，其参数设置如图9-31所示。

25. 音量

【音量】效果是调整音频素材音量的大小，其参数设置如图9-32所示。

图9-31

26. 高通

【高通】效果是设置音频素材中的指定频率数值，消除高于设定值的高频频率，保留低频频率，可以产生浑厚的低音效果，其参数设置如图9-33所示。

图9-32

27. 高音

【高音】用于调整音频素材中的高音分贝音量，改变高音效果，其参数设置如图9-34所示。

图9-33

图9-34

9.3.2 过时的音频效果

在【音频效果】文件夹中还包含着【过时的音频效果】这一类型的文件夹，这里面包含着14种旧版的音频效果，分别是【多频段压缩器(过时)】、Chorus(过时)、DeClicker(过时)、DeCrackler(过时)、DeEsser (过时)、DeHummer(过时)、DeNoiser(过时)、Dynamics(过时)、EQ(过时)、Flanger(过时)、Phaser(过时)、Reverb(过时)、【变调(过时)】和【频谱降噪(过时)】效果，如图9-35所示。

1. 多频段压缩器

【多频段压缩器】效果是根据音频中对应于低、中和高频率的3种带宽来压缩声音，其参数设置如图9-36所示。

图9-35

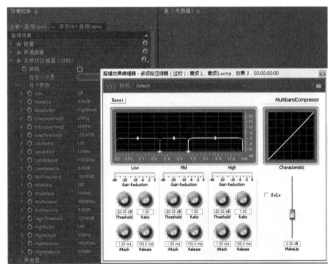

图9-36

2. Chorus

Chorus(合唱)效果为音频素材添加和声的效果，可以用来模拟一些被演奏出来的声音或乐器声音，其参数设置如图9-37所示。

3. DeClicker

DeClicker(消除咔嚓声)效果是为音频素材自动降低或消除各种噪声，其中20Hz以下的音频都会被自动消除掉，其参数设置如图9-38所示。

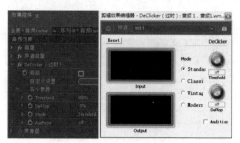

图9-37   图9-38

4. DeCrackler

DeCrackler(消除爆音)效果是为音频素材自动降低或消除爆炸噪声，其参数设置如图9-39所示。

5. DeEsser

DeEsser(消除齿音)效果是为音频素材自动降低或消除嘶嘶的声音，其参数设置如图9-40所示。

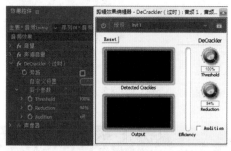
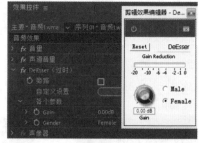

图9-39   图9-40

6. DeHummer

DeHummer(消除嗡鸣声)效果是为音频素材自动降低或消除嗡鸣的声音，其参数设置如图9-41所示。

7. DeNoiser

DeNoiser(降噪)效果是为音频素材自动降低或消除噪声，其参数设置如图9-42所示。

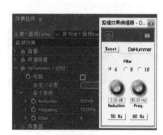

图9-41   图9-42

8. Dynamics

Dynamics(动态)效果是针对音频素材的中频信号进行调节，可以扩大或删除指定范围的音频信号，从而突出主体信号的音量，可以控制声音的柔和程度，其参数设置如图9-43所示。

9. EQ

EQ(均衡)用于实现音频参数均衡效果，设置音频素材中的声音频率、带宽、波段和多重波段均衡效果，其参数设置如图9-44所示。

图9-43

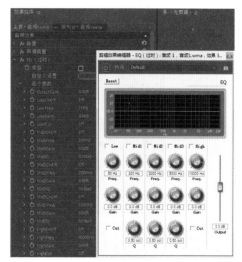

图9-44

10. Flanger

Flanger效果与Chorus效果相类似，可以推迟声音时间，并与原始声音素材相混合，以达到理想的效果，其参数设置如图9-45所示。

11. Phaser

Phaser(反相器)效果是反转音频中的一部分频率的相位，并与原音频混合，其参数设置如图9-46所示。

12. Reverb

Reverb(混响)可模拟房间内的声音效果，通过参数调整模拟房间大小，其参数设置如图9-47所示。

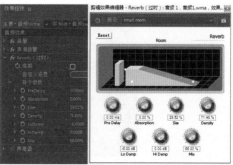

图9-45

图9-46

图9-47

【课堂练习】：混响

1 将"音频1.wma"素材文件拖动到音频轨道【A1】上，如图9-48所示。

2 双击【音频效果】→【过时的音频效果】
→Reverb(混响)效果，如图9-49所示。

3 在【效果控件】面板中，设置Reverb的
PreDelay(预延迟)为30.00 ms，Size(大小)为
100%，Density(密度)为90%，Mix(混合)为
100%，如图9-50所示。

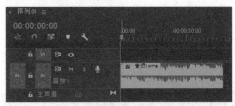

图9-48

图9-49

图9-50

4 制作完成后，可以在【节目监视器】面板中欣
赏最终声音效果。

13. 变调

　　【变调】可调整音频素材波形，改变声音基
调，从而产生特殊的音调效果，多用来模拟机器
人声，其参数设置如图9-51所示。

14. 频谱降噪

　　【频谱降噪】效果是使用3个陷波滤波器组从

图9-51

音频信号中消除色调干扰，其参数设置如图9-52所示。它有助于消除原始素材中的杂音(如嗡嗡声和
鸣笛声)。

图9-52

9.4 音频过渡效果

音频过渡又称为音频切换，是音频与音频之间的过渡衔接。音频过渡就是前一个音频逐渐减弱，后一个音频逐渐增强的过程，主要是调整音频素材之间的音量变化，从而产生过渡效果。

9.4.1 编辑音频过渡效果

音频过渡效果的编辑方式与视频过渡效果的编辑方式相类似。

1. 添加音频过渡效果

添加音频过渡效果，只需将音频过渡效果拖动到两个素材之间即可，如图9-53所示。

图9-53

2. 替换音频过渡效果

替换音频过渡效果，只需将新的过渡效果覆盖在原有的过渡效果之上即可，不必清除先前的过渡效果，如图9-54所示。

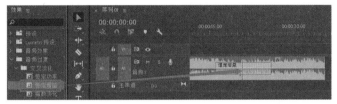

图9-54

3. 修改持续时间

音频过渡效果的持续时间是可以自由调整的，常用的方法有以下几种。

◆ 在【效果控件】面板中，直接修改数值，或滑动鼠标左键改变数值。

◆ 对【效果控件】面板上的过渡效果边缘进行拖动，以改变过渡效果的持续时间。

◆ 对【时间轴】面板上的过渡效果边缘进行拖动，以加长或缩短过渡效果的持续时间。

◆ 执行【时间轴】面板上过渡效果右键菜单中的【设置过渡持续时间】命令。

◆ 双击【时间轴】面板上过渡效果，在弹出的【设置过渡持续时间】对话框中，修改持续时间。

4. 修改对齐方式

音频过渡效果的作用区域是可以自由调整的，可以将过渡效果偏向于某个素材方向。在【对齐】选项里包括【中心切入】、【起点切入】、【终点切入】和【自定义起点】4个选项，如图9-55所示。

【中心切入】：添加过渡效果到两个素材的中间处，此为默认对齐方式。

【起点切入】：添加过渡效果到第二个的开始位置。

【终点切入】：添加过渡效果到第一个的结束位置。

图9-55

【自定义起点】：通过鼠标拖动，自定义过渡效果开始和结束的位置。

5. 删除音频过渡

删除音频过渡效果，只需在音频过渡效果上执行右键菜单中的【清除】命令即可，或选中序列中的过渡效果，按【Delete】键。

9.4.2 交叉淡化

【音频过渡】文件夹中只有【交叉淡化】一种音频过渡类型。这种过渡类型包含了3个音频过渡效果，分别是【恒定功率】、【恒定增益】和【指数淡化】，如图9-56所示。

1. 恒定功率

【恒定功率】是利用淡化效果将前一个素材过渡到后一个素材，可以形成声音上淡入淡出的效果，如图9-57所示。这是默认的音频过渡类型。

图9-56

图9-57

2. 恒定增益

【恒定增益】过渡效果是利用曲线变化的方式调整音频素材音量，形成过渡效果，如图9-58所示。

3. 指数淡化

【指数淡化】过渡效果是利用线性指数的计算方式，调整音频素材音量，形成过渡效果，如图9-59所示。

图9-58

图9-59

【课堂练习】：音频过渡

1 将"音频1.wma"和"音频2.mp3"素材文件拖动到音频轨道【A1】上，如图9-60所示。

2 分别将"音频1.wma"的出点和"音频2.mp3"的入点位置，调整到00:00:25:00和00:01:00:00位置，如图9-61所示。

图9-60

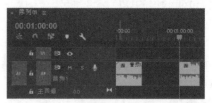
图9-61

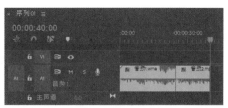

图9-62

3 在两个素材之间位置，执行右键菜单中的【波纹删除】命令，将素材相连接。

4 将"音频2.mp3"的出点位置，调整到00:00:40:00位置，如图9-62所示。

5 激活【效果】面板，将【音频过渡】→【交叉淡化】→【指数淡化】效果添加到两个素材之间，也添加到"音频2.wma"的出点位置，如图9-63所示。

图9-63

6 在【效果控件】面板中，设置【持续音量】效果的【持续时间】为00:00:05:00，如图9-64所示。

7 制作完成后，可以在【节目监视器】面板中欣赏最终声音效果。

图9-64

9.5 本章练习：动画声音

9.5.1 案例思路

为素材添加高音换挡器和高音效果，模拟花栗鼠电子音效果。

9.5.2 制作步骤

1. 设置项目

1 创建项目，设置项目名称为"动画声音"。

2 创建序列。在【新建序列】对话框中，设置序列格式为【HDV】→【HDV 720p25】，【序列名称】名称为"动画声音"。

3 导入素材。将"音频1.wma"素材导入项目中，如图9-65所示。

图9-65

2. 制作效果

1 将【项目】面板中的"音频1.wma"素材文件拖动至音频轨道【A1】上，如图9-66所示。

2 激活序列中的"音频1.wma"素材后，双击【效果】面板中的【音频效果】→【高音换挡器】效果和【高音】效果，如图9-67所示。

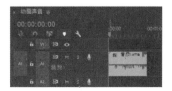

图9-66

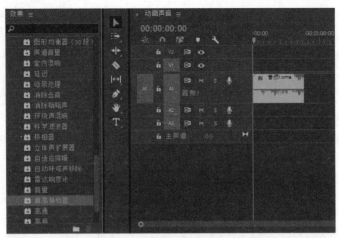

图9-67

3 在【效果控件】面板中，单击【高音换挡器】效果的【自定义设置】→【编辑】按钮，打开【高音换挡器】效果的【剪辑效果编辑器】对话框，如图9-68所示。

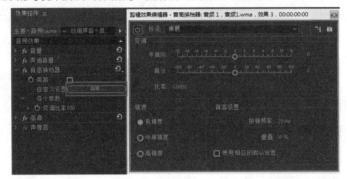

图9-68

4 在【剪辑效果编辑器】对话框中，设置【半音阶】为11，【精度】选择为"高精度"，如图9-69所示。

5 设置【高音】效果的【提升】为20dB，如图9-70所示。

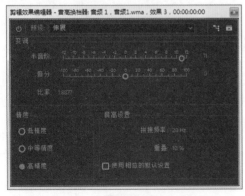

图9-69

图9-70

6 制作完成后，可以在【节目监视器】面板中欣赏最终声音效果。

第10章
文 本 图 形

- 创建图形
- 修改图形属性
- 主图形
- 滚动文本
- 本章练习：动画播放器

文字和图形是视频动画作品中的重要组成部分，可以起到加强内容表达、美化画面的效果。文字能够快速有效地向观众传递信息，一般情况下可以为视频动画添加片头名称、片尾名单和对白台词等。现在视频动画作品越来越美观，文字和图形也可以起到装饰画面的效果。

10.1　创建图形

在Premiere Pro CC中，可以在图形工作区内直接创建图形，如矩形、椭圆图形等。可使用【文字工具】和形状工具，直接在【节目监视器】中创建图形，然后使用【基本图形】面板中的功能进行调整。

图形素材可包含多个文本和形状图层，类似于Photoshop中的图层，可以作为序列中的单个素材进行编辑。当首次创建文本或形状图层时，将在位于【当前时间指示器】位置的【时间轴】面板中创建包含该图层的图形素材。如果已经在序列中选择了图形素材，则创建的文本或形状图层将添加到现有图形素材中。

使用【基本图形】面板可以查看图层并对图形进行调整，包括调整单个图层的外观，更改图层顺序等。

10.1.1　创建文本图层

创建文本图层时，首先在【工具】面板中选择【文字工具】或【垂直文字工具】，如图10-1所示。

图10-1

然后单击要放置文本的【节目监视器】面板，并开始输入需要的文本内容，如图10-2所示。单击一次可在某个点创建文本，拖放可在一个框内创建文本。

在【节目监视器】面板中使用【选择工具】可以直接操作文本和形状图层。可以调整图层的位置、更改锚点、更改缩放、更改文本框的大小并旋转。

图10-2

10.1.2　创建形状图层

可以使用【矩形工具】、【椭圆工具】或【钢笔工具】，在【节目监视器】面板中创建自由形式的形状和路径，如图10-3所示。

图10-3

10.1.3　创建素材图层

可以将图像和视频作为图形中的图层进行添加。只需执行【图形】→【新建图层】→【来自文件】菜单命令即可。

10.2　修改图形属性

激活图形图层，可以在【基本图形】面板或【效果控件】面板中修改图形属性。在【基本图形】面板的【编辑】选项卡中可以调整文本外观、字体大小等。

10.2.1 响应式设计

凭借动态图形的响应式设计，设计的滚动和图形能够以智能方式响应持续时间和图层放置的变化。

【响应式设计 - 位置】可以定义图形内部图层之间的关系。

【响应式设计 - 时间】可以保留常用作开场和结束的动画。可以在【效果控件】面板中查看并调整。

10.2.2 对齐并变换

【对齐并变换】部分用于设置对象的对齐方式、不透明度、位置和缩放等属性。

※ 参数详解

■【垂直居中对齐】：设置所选择对象在垂直方向上，居中于屏幕中心。

■【水平居中对齐】：设置所选择对象在水平方向上，居中于屏幕中心。

■【位置】：设置所选择对象位置的横纵坐标数值。

■【锚点】：设置所选择对象的变化的中心点。

■【缩放】：设置所选择对象的缩放比例。取消缩放锁定，可以非等比例缩放。

■【旋转】：设置所选择对象的旋转度数。

■【不透明度】：设置文本对象的透明程度。

10.2.3 主样式

利用主样式，可以将文本属性(如字体、颜色和大小)定义为预设，以便在多个图层中快速应用和传播样式。为图形图层或文本图层应用主样式之后，文本会自动继承对主样式的所有更改，从而可以同时快速更改多个图形。

10.2.4 文本

【文本】部分用于设置文本对象的字体样式、字体大小和对齐方式等属性，如图10-4所示。

图10-4

※ 参数详解

【字体】：设置文本对象的字体。

【字体样式】：设置文本对象的字体样式。

【字体大小】：设置文本对象的大小，默认为100。

【左对齐文本】：设置文本为靠左对齐。

【居中对齐文本】：设置文本为居中对齐。

【右对齐文本】：设置文本为靠右对齐。

【制表符宽度】：设置段落文本的制表符，对段落文本进行排列的格式化处理。

【字距间距】：设置文本字符之间的距离。

【字偶间距】：设置文本对象的字间距。

【行距】：设置文本对象行与行之间的距离。

【基线位移】：设置文本对象基线的位置。

【比例间距】：设置文本字符之间的间距比例。

10.2.5 外观

【外观】部分用于设置对象的填充、描边和阴影等属性，如图10-5所示。

※ 参数详解

【填充】：设置文本或图形对象的填充颜色。

【描边】：设置文本或图形对象的描边颜色和描边大小。

【阴影】：设置文本或图形对象的阴影效果。

【课堂练习】：修改图形属性

1 新建背景。在【项目】面板中，执行右键菜单中的【新建项目】→【颜色遮罩】命令，设置颜色为(200,0,10)，并将"颜色遮罩"素材文件拖动至视频轨道【V1】上，如图10-6所示。

图10-5

图10-6

2 激活【时间轴】面板后，执行【图形】→【新建图层】→【来自文件】菜单命令，选择"中式快餐.png"素材，并在【节目监视器】中将其移动到右侧边缘，如图10-7所示。

3 新建文本。在【工具】面板中选择【文字工具】，然后在【节目监视器】面板中输入"中式快餐"，如图10-8所示。

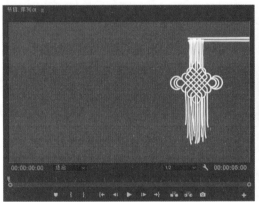

图10-7

图10-8

图10-9

4 在【基本图形】面板中，设置【位置】为(130.0,400.0)，【字体】为"隶书"，【字体大小】为170；勾选【阴影】复选框，设置【距离】为15.0，【模糊】为50，如图10-9所示。

5 在【节目监视器】面板上，查看最终效果，如图10-10所示。

图10-10

10.3 主图形

可以将图形图层或文本图层升级为主图形素材，使其在【项目】面板中显示，以方便更改和使用。要想升级为主图形，只需选择图形或文本元素，然后执行【图形】→【升级为主图】菜单命令即可。

10.4 滚动文本

滚动文本是区别于静止字幕的动态字幕，具有运动的效果。滚动字幕多用于影视动画的开始和结束的位置。

在【基本图形】面板的【编辑】选项卡中，勾选【滚动】复选框，即可设置滚动文本，如图10-11所示。

※ 参数详解

【滚动】：设置文本从下向上地垂直滚动显示。

【启动屏幕外】：勾选该复选框，设置文本从屏幕外开始进入画面。

【结束屏幕外】：勾选该复选框，设置文本移动出屏幕外结束。

【预卷】：设置停留多长时间后，文本开始运动。

【过卷】：设置文本结束前静止时长。

【缓入】：设置文本运动开始时由慢到快的时长。

【缓出】：设置文本运动结束前由快到慢的时长。

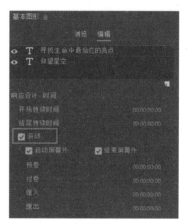

图10-11

【课堂练习】：滚动文本

1 将【项目】面板中的"古诗背景.jpg"素材文件拖动至视频轨道【V1】上，如图10-12所示。

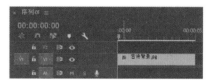

图10-12

2 使用【文字工具】在【节目监视器】面板中输入"望月怀古.txt"中的内容，如图10-13所示。

3 设置【字体】为"楷体"，【字体大小】为60，【行距】为50，【填充】为(0,0,0)，如图10-14所示。

4 设置文本滚动。单击【时间轴】面板中的文本图层，在【基本图形】面板的【编辑】选项页中，勾选【滚动】复选框，并勾选【启动屏幕外】和【结束屏幕外】复选框，如图10-15所示。

5 将序列中素材的出点调整到00:00:10:00位置，如图10-16所示。

图10-13

图10-14

图10-15

图10-16

6 在【节目监视器】面板上查看最终动画效果，如图10-17所示。

图10-17

10.5 本章练习：动画播放器

10.5.1 案例思路

(1) 使用【图形】菜单插入图像。

(2) 使用【图形】菜单创建文本和图形素材。

(3) 通过【阴影】属性，制作出光感效果。

(4) 设置滚动字幕，模拟滚动歌词出现方式。

(5) 设置擦除效果，制作播放进度动画。

10.5.2　制作步骤

1. 设置项目

1 创建项目，设置项目名称为"动画播放器"。

2 创建序列。在【新建序列】对话框中，设置序列格式为【HDV】→【HDV 720p25】，【序列名称】名称为"动画播放器"。

3 导入素材。将"冰雪奇缘背景.jpg"和"冰雪奇缘.mp3"素材导入项目中，如图10-18所示。

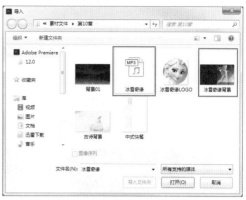

图10-18

2. 设置静态素材

1 将"冰雪奇缘背景.jpg"素材文件拖动到视频轨道【V1】上，如图10-19所示。

2 激活【时间轴】面板，执行【图形】→【新建图层】→【来自文件】菜单命令，选择"冰雪奇缘LOGO.png"素材。

3 在【基本图形】面板中，设置【位置】为(700.0,680.0)，【缩放】为25，如图10-20所示。

图10-19

图10-20

4 激活【时间轴】面板，执行【图形】→【新建图层】→【文本】菜单命令，输入文本内容为"Let It Go"，如图10-21所示。

5 在【基本图形】面板中，设置【位置】为(750.0,675.0)，【缩放】为70，【字体】为"楷体"，【字体大小】为60，【填充】为(0,200,250)，如图10-22所示。

图10-21

图10-22

6 单击【时间轴】面板的空白处，执行【图形】→【新建图层】→【矩形】菜单命令。

7 在【基本图形】面板中，设置【位置】为(747.0,688.0)，关闭【设置缩放锁定】，设置【缩放】为(4,167)，【填充】为(0,200,250)，勾选【阴影】复选框，设置【阴影】为(0,255,255)，【模糊】为100，如图10-23所示。

3. 设置滚动字幕

1 使用【文字工具】在【节目监视器】面板中输入"冰雪奇缘.txt"中的内容，如图10-24所示。

图10-23

图10-24

2 在【基本图形】面板中，设置【位置】为(70.0,100.0)，【缩放】为65，【字体】为"楷体"，【字体大小】为60，【行距】为50，【填充】为(0,200,250)，如图10-25所示。

图10-25

3 单击文本选择框的空白处。在【基本图形】面板的【编辑】选项卡中，勾选【滚动】复选框，并勾选【启动屏幕外】和【结束屏幕外】复选框，如图10-26所示。

4. 设置播放动画

1 将【项目】面板中的"冰雪奇缘.mp3"素材拖动到音频轨道【A1】上，并将视频轨道上所有素材的出点与之对齐，如图10-27所示。

图10-26

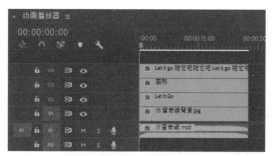

图10-27

2 单击视频轨道【V3】上的"图形"素材，执行【图形】→【升级为主图】菜单命令，如图10-28所示。

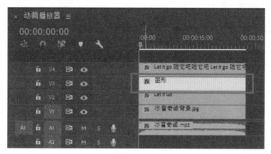

图10-28

3 激活序列中的"图形"素材，然后双击【效果】面板中的【视频效果】→【过渡】→【线性擦除】效果，如图10-29所示。

图10-29

4 激活"图形"素材的【效果控件】面板，设置【线性擦除】的【擦除角度】为-90.0°。

5 将【当前时间指示器】移动到00:00:00:00位置，【过渡完成】为42%；将【当前时间指示器】移动到00:00:27:19位置，【过渡完成】为2%，如图10-30所示。

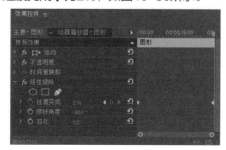

图10-30

6 在【节目监视器】面板中查看最终动画效果，如图10-31所示。

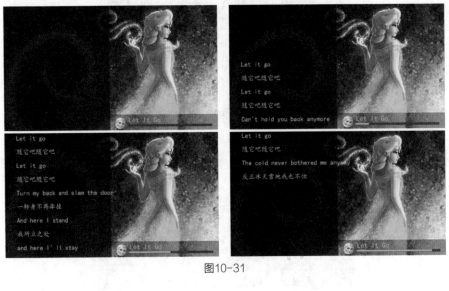

图10-31

第11章
视 频 输 出

- 导出文件
- 输出单帧图像
- 输出序列帧图像
- 输出音频格式
- 输出视频影片
- 本章练习：视频输出

输出是影视动画编辑的最后一个环节，是软件制作的最终目的，选择一个适合的输出方式尤为重要。在Premiere Pro CC中制作完成一部影视动画后，用户就要根据需求选择是导出与其他软件交互的交换文件，还是输出最终保存的影视图像文件。无论是导出还是输出，都有很多种格式选择，这就需要用户学习各种格式的特点，选择最佳方式。

11.1 导出文件

Premiere Pro CC中提供了多种导出格式，可以根据需要选择导出类型，以方便保存和观赏或在其他软件中再次编辑使用。

执行【文件】→【导出】菜单命令，可以选择文件输出的类型。输出类型包括【媒体】、【字幕】、【磁带】、EDL、OMF和Final Cut Pro XML等，如图11-1所示。

【媒体】：打开【导出设置】对话框，设置媒体输出的各种格式。

【字幕】：导出Premiere Pro CC软件中创建的字幕文件。

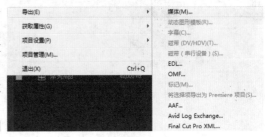

图11-1

【磁带】：将音视频文件导出到专业录像设备的磁带上。

EDL(编辑决策列表)：导出一个描述剪辑过程的数据文件，以方便导入其他软件中再次编辑。

OMF(公开媒体框架)：可以将激活的音频轨道输出为OMF格式，以方便导入其他软件中再次编辑。

AAF(高级制作格式)：导出为较为通用的AAF格式，以方便导入其他软件中再次编辑。

Final Cut Pro XML(Final Cut Pro交换文件)：导出数据文件，以方便导入苹果平台的Final Cut Pro剪辑软件上再次编辑。

11.2 输出单帧图像

在Premiere Pro CC中可以对素材文件中的任何一帧进行单独输出，输出为一张静态图片格式，常用的格式有BMP、JPEG和PNG等，如图11-2所示。

图11-2

【课堂练习】：输出单帧图像

1 将【项目】面板中的"视频.mp4"素材文件拖动至视频轨道【V1】上，如图11-3所示。

2 激活【时间轴】面板，执行【文件】→【导出】→【媒体】菜单命令。

图11-3

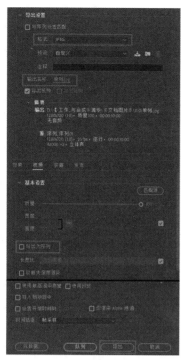

图11-4

3 在弹出的【导出设置】对话框中，设置【格式】为"JPEG"，单击【输出名称】里的文件名称，选择文件的输出位置，设置名称为【单帧】，在【视频】选项卡中取消勾选【导出为序列】复选框，最后单击【导出】按钮即可，如图11-4所示。

4 在资源管理器中查看输出文件，如图11-5所示。

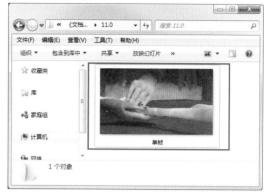

图11-5

11.3 输出序列帧图像

为了将编辑制作好的影片在保证清晰度最高、损失最小的情况下，导出到其他软件中继续编辑制作，就需要将视频文件导出为序列帧文件。在Premiere Pro CC中可以对视频文件输出为一组序列帧图像。只需选择好图片格式后，勾选【导出为序列】复选框即可。

11.4 输出音频格式

在Premiere Pro CC中可以对音频文件单独输出，一般会输出为MP3和WAV等格式，如图11-6所示。

【课堂练习】：输出音频

1 将【项目】面板中的"视频.mp4"素材文件拖动至视频轨道【V1】上，如图11-7所示。

2 激活【时间轴】面板，执行【文件】→【导出】→【媒体】菜单命令。

3 在弹出的【导出设置】对话框中，设置【格式】为"MP3"，单击【输出名称】里的文件名称，选择文件的输出位置，设置名称为【音

图11-6

图11-7

频】，再单击【导出】按钮，如图11-8所示。

※ 参数详解

【与序列设置匹配】：勾选该复选框，将以序列设置的属性来定义输出影片的文件属性。

【格式】：用来设置输出音视频文件的格式。

【预设】：用来设置定义好的制式选项。

【注释】：用来标注输出音视频文件的说明。

【输出名称】：用来设置输出文件的文件名称和路径。

【导出视频】：取消勾选该复选框，将文件不输出视频。

【导出音频】：取消勾选该复选框，则文件不输出音频。

【摘要】：显示文件的输出路径、文件名称、尺寸大小和质量等信息。

4 在资源管理器中查看输出文件，如图11-9所示。

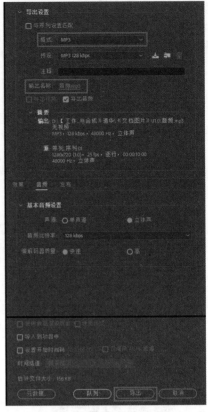

图11-8

图11-9

11.5 输出视频影片

素材文件编辑制作完成后就需要选择适合的视频格式，并对格式进行详细的设置，以便达到最为合适的视频输出效果。常用的视频格式有AVI、MPEG和MP4等，如图11-10所示。

图11-10

11.6 本章练习：视频输出

11.6.1 案例思路

(1) 将"序列000.jpg"等图片素材文件，以序列帧的形式导入项目中。

(2) 将"序列.mp3"素材文件导入软件项目中。

(3) 输出AVI格式影片。

11.6.2 制作步骤

1. 设置项目

1 创建项目，设置项目名称为"视频输出"。

2 创建序列。在【新建序列】对话框中，设置序列格式为【HDV】→【HDV 720p25】，【序列名称】名称为"视频输出"。

3 导入素材。将"序列000.jpg"序列素材和"序列.mp3"素材导入项目中，如图11-11所示。

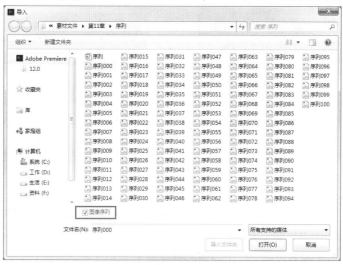

图11-11

4 分别将"序列.mp3"素材文件和"序列000.jpg"素材序列文件拖动到音视频轨道【V1】和【A1】上，如图11-12所示。

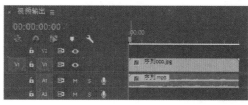

图11-12

2. 输出AVI格式影片

1 执行【文件】→【导出】→【媒体】菜单命令，在【导出设置】对话框中，设置【格式】为AVI，单击【输出名称】里的文件名称，选择文件的输出位置，如图11-13所示。

图11-13

2 在【视频】选项卡中，设置【视频编解码器】为None，【基本视频设置】的【选择在调整大小时保持帧长宽比不变】取消链接，【宽度】为1280，【高度】为720，【帧速率】为25，【场序】为"逐行"，【长宽比】为"方形像素(1.0)"，如图11-14所示。

3 在【音频】选项卡中，设置【采样率】为48000Hz，如图11-15所示。最后单击【导出】按钮。

图11-14

图11-15

4 在资源管理器的文件夹中查看输出文件，如图11-16所示。

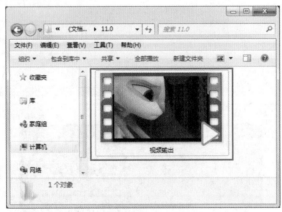

图11-16

第12章
综合案例

- 电子相册
- 动画MV
- 影视宣传片

本章通过3个综合练习来讲解Premiere Pro CC在实际工作中的应用方法。本章涉及序列编辑、素材剪辑、运动动画、特效、文本图形和视频输出等内容，是对前面章节所学知识的综合应用。

12.1 电子相册

12.1.1 案例思路

电子相册是优美的照片和摄影摄像片段的合集，多用于表现婚礼庆典或儿童成长等内容。本案例主要分为3部分，分别是"片头""场景一"和"场景二"，如图12-1所示。

图12-1

12.1.2 设置项目

1 创建项目，设置项目名称为"电子相册"。

2 创建序列。在【新建序列】对话框中，设置序列格式为【HDV】→【HDV 720p25】，【序列名称】名称为"电子相册"。

3 导入素材。将"图片01.jpg"至"图片05.jpg""矩形框.png"和"背景音乐.mp3"素材导入项目中，如图12-2所示。

图12-2

12.1.3 制作片头

1 将【项目】面板中的"图片01.jpg"和"矩形框.png"素材分别拖动到视频轨道【V1】和【V2】上，如图12-3所示。

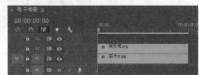

图12-3

2 激活【时间轴】面板，执行【图形】→【新建图层】→【文本】菜单命令，输入文本内容为"你的名字your name"，如图12-4所示。

图12-4

3 在文本的【效果控件】面板中，设置【字体】为"微软雅黑"，【字体样式】为"粗体"，【字体大小】为90，选择【居中对齐文本】选项，【行距】为15，如图12-5所示。选择"your name"文本，设置【字体大小】为60。

4 激活"矩形框.png"素材的【效果控件】面板，将【当前时间指示器】移动到00:00:00:00位置，设置【缩放】为0.0，【旋转】为0.0°；将【当前时间指示器】移动到00:00:00:10位置，【缩放】为100.0，【旋转】为180.0°，如图12-6所示。

5 激活【效果】面板，将【视频过渡】→【页面剥落】→【翻页】过渡效果添加到视频轨道【V3】素材入点位置，如图12-7所示。

图12-5

图12-6

图12-7

6 将【当前时间指示器】移动到00:00:03:00位置，选择序列中所有素材的出点，执行【序列】→【将所选编辑点扩展到播放指示器】菜单命令，如图12-8所示。

图12-8

12.1.4 制作场景一

1 将【项目】面板中的"图片02.jpg"素材拖动到视频轨道【V4】的00:00:02:00位置，并执行右键菜单中的【速度/持续时间】命令。设置【持续时间】为00:00:02:00，如图12-9所示。

2 激活【效果】面板，将【视频过渡】→【划像】→【盒形划像】和【菱形划像】过渡效果，添加到"图片02.jpg"素材入点和出点位置，如图12-10所示。

3 双击素材上的过渡效果，设置【盒形划像】和【菱形划像】过渡效果的【持续时间】为00:00:00:10，如图12-11所示。

4 选择【项目】面板中的"图片03.jpg"至"图片05.jpg"素材，并执行右键菜单中的【速度/持续时间】命令，设置【持续时间】为00:00:03:00，如图12-12所示。

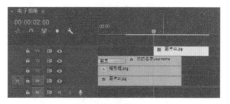

图12-9

图12-10

图12-11

5 将【项目】面板中的"图片03.jpg"素材拖动到视频轨道【V1】的00:00:03:00位置；将"图片04.jpg"素材拖动到视频轨道【V2】的00:00:05:00位置，如图12-13所示。

图12-12

图12-13

12.1.5 制作场景二

1 激活"图片04.jpg"素材的【效果控件】面板。将【当前时间指示器】移动到00:00:05:00位置，设置【位置】为(640.0,1080.0)；将【当前时间指示器】移动到00:00:06:05位置，【位置】为(640.0,250.0)，并在关键帧上执行右键菜单中的【临时插值】→【缓出】命令，如图12-14所示。

2 将【当前时间指示器】移动到00:00:05:00位置，激活【时间轴】面板，执行【图形】→【新建图层】→【文本】菜单命令。在【节目监视器】中输入文本内容为"你的名字"，如图12-15所示。

图12-14

3 在文本的【效果控件】面板中，设置【字体】为"微软雅黑"，【字体样式】为"粗体"，【字体大小】为60，选择【居中对齐文本】，【填充】为(245,190,90)，【位置】为(640.0,650.0)，如图12-16所示。

图12-15

图12-16

4 将"文本(你的名字)"素材出点位置与视频轨道【V2】中素材的出点位置对齐。

5 激活【效果】面板，将【视频过渡】→【溶解】→【叠加溶解】过渡效果添加到"文本(你的名字)"素材入点位置，如图12-17所示。

6 将【项目】面板中的"图片05.jpg"素材拖动到视频轨道【V4】的00:00:07:00位置。

7 激活【效果】面板，将【视频过渡】→【缩放】→【交叉缩放】过渡效果添加到"图片05.jpg"

素材入点位置，如图12-18所示。

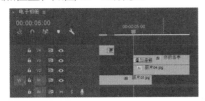

图12-17

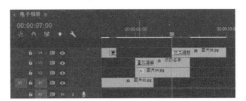

图12-18

⑧ 将【项目】面板中的"背景音乐.mp3"素材拖动到音频轨道【A1】上，如图12-19所示。

⑨ 在序列的音视频出点位置，执行右键菜单中的【应用默认过渡】命令，如图12-20所示。

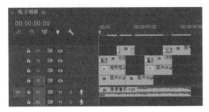

图12-19

图12-20

⑩ 在【节目监视器】面板上查看最终动画效果，如图12-21所示。

图12-21

12.2 动画MV

12.2.1 案例思路

动画MV就是将动画画面与音乐相搭配的动画短片。动画画面是对音乐的补充和诠释，使观众更好地体会音乐的含义。本案例主要分为3部分，分别是"片头""剪辑素材"和"制作效果"，如图12-22所示。

12.2.2 设置项目

① 创建项目，设置项目名称为"动画MV"。

② 导入素材。将"视频片段.mp4"和"背景音乐.mp3"素材导入项目中，如图12-23所示。

图12-22

3 创建序列。选择"视频片段.mp4"素材，执行右键菜单中的【从剪辑新建序列】命令，如图12-24所示。

图12-23

图12-24

12.2.3 制作片头

1 删除音频。按住【Alt】键，同时选择音频部分，然后按【Delete】键即可，如图12-25所示。

2 剪辑素材。将【当前时间指示器】依次移动到00:00:18:00和00:00:20:00位置，并执行【序列】→【添加编辑】菜单下的命令，如图12-26所示。

图12-25

图12-26

3 分别选择00:00:18:00位置左侧的剪辑片段和00:00:20:00位置右侧的剪辑片段，并执行右键菜单中的【波纹删除】命令，如图12-27所示。

4 将【当前时间指示器】移动到00:00:00:00位置。然后激活【时间轴】面板，执行【图形】→【新建图层】→【文本】菜单命令，输入文本内容为"言叶之庭"，如图12-28所示。

5 在文本的【效果控件】面板中，设置【字体】为"隶书"，【字体大小】为150，选择【居中对齐文本】，【字距调整】为200；【填充】为(255,255,255)，【描边】为(0,50,0)，【描边宽度】为1.0，【阴影】为(0,200,0)，【距离】为0.0，【模糊】为50，如图12-29所示。

6 将"文本(言叶之庭)"素材出点位置与视频轨道【V1】中素材的出点位置对齐，如图12-30所示。

图12-27

图12-28

图12-29

12.2.4 剪辑素材

1 调整轨道设置。在【时间轴】面板中轨道的
头部，执行右键菜单中的【删除轨道】命令。在
【删除轨道】对话框中，勾选【删除视频轨道】
和【删除音频轨道】复选框，并在轨道类型中选
择【所有空轨道】选项。

图12-30

2 关闭【对插入和覆盖进行源修补】按钮，如图
12-31所示。

图12-31

3 在【时间轴】面板中，将【当前时间指示
器】移动到00:00:02:00位置。然后将"视频片段.mp4"素材在【源监视器】面板中显示，设置标
记入点为00:02:42:16，标记出点为00:02:49:02，并单击【插入】按钮，将剪辑片段插入视频轨道
【V1】上，如图12-32所示。

4 在【节目监视器】面板中，设置标记入点为00:00:03:23，标记出点为00:00:06:18，单击【提
取】按钮，如图12-33所示。

图12-32

图12-33

5 在【时间轴】面板中，将【当前时间指示器】移动到00:00:05:15位置。然后将"视频片段.mp4"素材在【源监视器】面板中显示，设置标记入点为00:00:48:09，标记出点为00:00:54:23，并单击【插入】按钮，将剪辑片段插入视频轨道【V1】上，如图12-34所示。

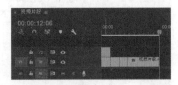

图12-34

6 在【节目监视器】面板中，设置标记入点为00:00:08:14，标记出点为00:00:09:19，单击【提取】按钮 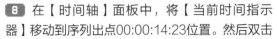，如图12-35所示。

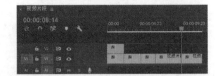

图12-35

7 插入素材。将【当前时间指示器】移动到00:00:05:15位置，在【源监视器】面板中，设置标记入点为00:10:50:17，标记出点为00:10:54:15，并单击【插入】按钮，将剪辑片段插入到视频轨道【V1】上，如图12-36所示。

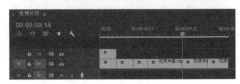

图12-36

8 在【时间轴】面板中，将【当前时间指示器】移动到序列出点00:00:14:23位置。然后双击【项目】面板中的"视频片段.mp4"素材文件，在【源监视器】面板中，继续剪辑素材片段。分别设置：标记入点为00:11:09:19，标记出点为00:11:15:05；标记入点为00:16:20:20，标记出点为00:16:22:13；标记入点为00:16:27:04，标记出点为00:16:30:16；标记入点为00:16:40:21，标记出点为00:16:46:00，并单击【插入】按钮，依次将剪辑片段插入视频轨道【V1】上，如图12-37所示。

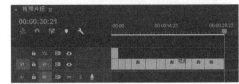

图12-37

9 在【源监视器】面板中，继续剪辑素材片段。分别设置：标记入点为00:15:45:14，标记出点为00:15:48:09；标记入点为00:00:18:17，标记出点为00:00:22:00；标记入点为00:11:21:12，标记出点为00:11:47:21；标记入点为00:16:57:20，标记出点为00:17:02:17，并单击【插入】按钮，依次将剪辑片段插入视频轨道【V1】上，如图12-38所示。

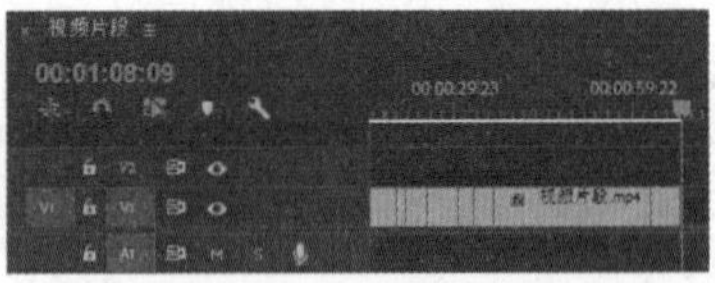

图12-38

12.2.5 制作效果

1 激活00:00:03:23位置右侧剪辑片段的【效果控件】面板，设置【不透明度】属性。将【当前时间指示器】移动到00:00:05:00位置，设置【不透明度】为100.0%；将【当前时间指示器】移动到00:00:05:06位置，设置【不透明度】为0.0%，如图12-39所示。

2 激活00:00:05:15位置右侧剪辑片段的【效果控件】面板，设置【不透明度】属性。将【当

图12-39

前时间指示器】移动到00:00:05:15位置,设置
【不透明度】为30.0%;将【当前时间指示器】
移动到00:00:05:17位置,设置【不透明度】为
100.0%,如图12-40所示。

图12-40

3 在00:00:33:17位置的编辑点处和序列的出
点位置,执行右键菜单中的【应用默认过渡】命
令,如图12-41所示。

图12-41

4 激活00:00:37:01位置右侧剪辑片段的【效果
控件】面板,设置【不透明度】属性。将【当前
时间指示器】移动到00:00:58:15位置,设置【不
透明度】为100.0%;将【当前时间指示器】移
动到00:01:03:00位置,设置【不透明度】为
0.0%,如图12-42所示。

图12-42

5 激活00:01:03:11位置右侧剪辑片段的【效
果控件】面板,设置【不透明度】属性。将【当
前时间指示器】移动到00:01:03:11位置,设置
【不透明度】为0.0%;将【当前时间指示器】
移动到00:01:04:11位置,设置【不透明度】为
100.0%,如图12-43所示。

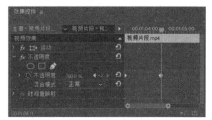

图12-43

6 将【项目】面板中的"背景音乐.mp3"素
材文件拖动至音频轨道【A1】上,如图12-44
所示。

7 在【节目监视器】面板上查看最终动画效果,
如图12-45所示。

图12-44

图12-45

12.3 影视宣传片

12.3.1 案例思路

　　影视宣传片主要是将精彩镜头加以展示，配合明快的背景音乐，使其具有一种带动感，引起观众对电影节的关注。本案例主要分为3部分，分别是"片头""剪辑素材"和"片尾"，如图12-46所示。

图12-46

12.3.2 设置项目

　1 创建项目，设置项目名称为"影视宣传片"。

　2 创建序列。在【新建序列】对话框中，设置序列格式为【HDV】→【HDV 720p25】，【序列名称】名称为"影视宣传片"。

　3 导入素材。将"视频片段.mp4""标题中文.png""标题英文.png""标题.png"和"背景音乐.mp3"素材导入项目中，如图12-47所示。

图12-47

12.3.3 制作片头

　1 激活【时间轴】面板，执行【图形】→【新建图层】→【文本】菜单命令。输入文本内容为"一个关于感恩的故事"，如图12-48所示。

　2 选择视频轨道【V1】上的"文本(一个关于感恩的故事)"素材，执行右键菜单中的【速度/持续时间】命令。设置【持续时间】为00:00:02:21，如图12-49所示。

　3 在文本的【效果控件】面板中，设置【字体】为"微软雅黑"，【字体样式】为"粗体"，【字体大小】为70，选择【居中对齐文本】，【填充】为(245,190,90)，如图12-50所示。

图12-48

图12-49

4 继续设置文本的【变换】属性。将【当前时间指示器】移动到00:00:00:00位置，设置【位置】为(640.0,350.0)，【缩放】为90；将【当前时间指示器】移动到00:00:02:20位置，【缩放】为110，如图12-51所示。

图12-50

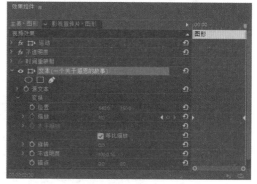

图12-51

5 复制文本素材。将【当前时间指示器】移动到00:00:02:21位置，按住【Alt】键，并将序列中的"文本(一个关于感恩的故事)"素材拖动到【当前时间指示器】位置，如图12-52所示。

6 修改文本素材。激活第二段文本素材的【效果控件】面板，激活【文本】图标，在【节目监视器】中修改文本内容为"一段奇妙的冒险旅程"，如图12-53所示。

图12-52

图12-53

12.3.4 剪辑素材

1 将"视频片段.mp4"素材在【源监视器】面板中显示。设置标记入点为00:00:20:00，标记出点为00:00:23:00，单击【仅拖动视频】图标，将剪辑拖动到序列的00:00:05:17位置，如图12-54所示。

2 继续剪辑素材。设置标记入点为00:00:05:00，标记出点为00:00:15:01。将序列中的【当前时间指示器】移动到00:00:05:17位置，单击"插入"按钮，将剪辑插入序列中，如图12-55所示。

图12-54　　　　　　　　　　　　　　　　图12-55

12.3.5　制作片尾

1 依次将【项目】面板中的"标题英文.png"和"标题中文.png"素材拖动到视频轨道【V1】上，如图12-56所示。

2 选择序列中的"标题英文.png"和"标题中文.png"素材，执行右键菜单中的【速度/持续时间】命令，在打开的对话框中设置【持续时间】为00:00:03:05，如图12-57所示。

图12-56　　　　　　　　　　　　　　　　图12-57

3 在序列"标题英文.png"和"标题中文.png"素材之间的空隙处，执行右键菜单中的【波纹删除】命令，如图12-58所示。

图12-58

4 激活"标题英文.png"素材的【效果控件】面板。将【当前时间指示器】移动到00:00:18:20位置，设置【缩放】为85；将【当前时间指示器】移动到00:00:22:00位置，【缩放】为100，如图12-59所示。

5 激活"标题中文.png"素材的【效果控件】面板。

6 将【当前时间指示器】移动到00:00:22:00位置，设置【缩放】为90；将【当前时间指示器】移动到00:00:25:05位置，【缩放】为100，如图12-60所示。

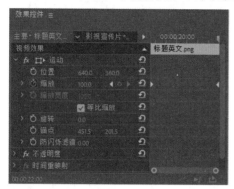
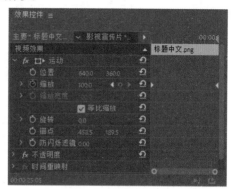

图12-59　　　　　　　　　　　　　　　　图12-60

12.3.6　制作过渡

1 激活【效果】面板，将【视频过渡】→【溶解】→【渐隐为黑色】过渡效果分别添加到00:00:02:21和00:00:05:17位置，如图12-61所示。

2 激活【效果】面板，将【视频过渡】→【溶解】→【渐隐为黑色】过渡效果，分别添加到"标题英文.png"素材的入点和"标题中文.png"素材的出点位置，如图12-62所示。

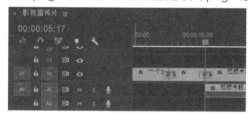
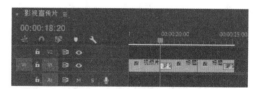

图12-61　　　　　　　　　　　　　　　　图12-62

3 在【效果控件】面板中，设置入点【渐隐为黑色】过渡效果的【持续时间】为00:00:01:00，【对齐】为"起点切入"，如图12-63所示。

4 设置出点【渐隐为黑色】过渡效果的【持续时间】为00:00:01:10。

5 将【项目】面板中的"背景音乐.mp3"素材文件拖动至音频轨道【A1】上，如图12-64所示。

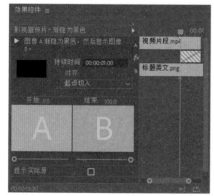

图12-63　　　　　　　　　　　　　　　　图12-64

6 在【节目监视器】面板上查看最终动画效果，如图12-65所示。

图12-65

一、单项选择题: 在每小题的备选答案中选出一个正确答案, 并将正确答案的代码填在题干上的括号内。

1. 通常以( )为单位来表示图像分辨率的大小。
   A. 点
   B. 像素
   C. 像素长宽比
   D. 像素/英寸

2. 图像中的( )点越多, 拥有的色彩就越丰富, 图像效果越好, 也就越能表达色彩的真实感。
   A. 点
   B. 像素
   C. 像素长宽比
   D. 像素/英寸

3. 方形像素长宽比为( )。
   A. 1:1
   B. 2:1
   C. 4:3
   D. 16:9

4. 帧频率通常用( )表示。
   A. PPI
   B. 帧/秒
   C. NTSC
   D. PAL

5. 数据信号流为视频中的每个帧都分配一个数字, 每个帧都有唯一的( )。
   A. 元素
   B. 像素
   C. 画面
   D. 时间码

6. 美国、日本、韩国、菲律宾、加拿大等国家, 一般采用( )彩色电视制式。
   A. NTSC
   B. PAL
   C. SECAM
   D. PAL-D

7. 德国、英国、意大利和荷兰等国家, 一般采用( )彩色电视制式。
   A. NTSC
   B. PAL
   C. SECAM
   D. PAL-D

8. 法国、东欧、非洲各国和中东一带，一般采用(　　)彩色电视制式。

    A. NTSC
                  B. PAL

    C. SECAM
              D. PAL-D

9. 我国大陆采用的制式是(　　)。

    A. NTSC
                  B. PAL

    C. SECAM
              D. PAL-D

10. (　　)主要用于对项目文件进行管理，包含新建项目、保存项目、导入素材和导出项目等操作。

    A.【文件】菜单
          B.【编辑】菜单

    C.【剪辑】菜单
          D.【序列】菜单

11. (　　)主要包括整个程序中通用的标准编辑命令，如复制、粘贴、撤销等命令。

    A.【文件】菜单
          B.【编辑】菜单

    C.【剪辑】菜单
          D.【序列】菜单

12. (　　)主要用于查看所选素材的详细信息。

    A.【效果】面板
          B.【信息】面板

    C.【工具】面板
          D.【时间轴】面板

13. (　　)主要提供功能强大的标题制作和动态图形工作流程，可以创建标题、品牌标识和其他图形，以及动态图形模板。

    A.【字幕】面板
          B.【效果】面板

    C.【工具】面板
          D.【基本图形】面板

14. 链接在一起的音视频素材，在视频文件名称后面会添加(　　)符号。

    A. [A]
                  B. [M]

    C. [V]
                D. [O]

15. (　　)渲染栏表示，可能必须在进行渲染之后，才能够实现以全帧速率实时播放的未渲染部分。

    A. 红色
                  B. 黄色

    C. 绿色
                D. 蓝色

16. (　　)渲染栏表示，可能无须进行渲染，即可以全帧速率实时播放的未渲染部分。

    A. 红色
                  B. 黄色

    C. 绿色
                D. 蓝色

17. (　　)渲染栏表示，已经渲染其关联预览文件的部分。

    A. 红色
                  B. 黄色

    C. 绿色
                D. 蓝色

18. 单击(　　)，素材将在【时间轴】面板中添加到【当前时间指示器】的右侧。【时间轴】面板中的原有素材将会在所在的位置上分成两部分，右侧部分的素材移动到插入素材之后。

    A.【插入】按钮　　　　　　　　　　　B.【覆盖】按钮

    C.【提升】按钮　　　　　　　　　　　D.【提取】按钮

19. 单击(　　)，素材将在【时间轴】面板中添加到【当前时间指示器】的右侧，并替换相同时间长度的原有素材。

    A.【插入】按钮　　　　　　　　　　　B.【覆盖】按钮

    C.【提升】按钮　　　　　　　　　　　D.【提取】按钮

20. (　　)用于编辑素材的播放速率，从而改变素材的长度。

    A. 比率拉伸工具　　　　　　　　　　B. 选择工具

    C. 外滑工具　　　　　　　　　　　　D. 内滑工具

21. (　　)用于改变素材的入点和出点，而序列总长度保持不变，且相邻素材不受影响。

    A. 比率拉伸工具　　　　　　　　　　B. 选择工具

    C. 外滑工具　　　　　　　　　　　　D. 内滑工具

22. (　　)用于改变相邻素材的入点和出点，也改变自身在序列中的位置，而序列总长度保持不变。

    A. 比率拉伸工具　　　　　　　　　　B. 选择工具

    C. 外滑工具　　　　　　　　　　　　D. 内滑工具

23. (　　)用于平移时间轴轨道的可视范围。

    A. 手形工具　　　　　　　　　　　　B. 选择工具

    C. 外滑工具　　　　　　　　　　　　D. 内滑工具

24. 矩形工具配合键盘上的(　　)使用，可以绘制正方形。

    A. Alt键　　　　　　　　　　　　　　B. Ctrl键

    C. Shift键　　　　　　　　　　　　　D. Ctrl+ Alt键

25. 缩放工具配合键盘上的(　　)使用，可以在放大或缩小模式间进行切换。

    A. Alt键　　　　　　　　　　　　　　B. Ctrl键

    C. Shift键　　　　　　　　　　　　　D. Ctrl+ Alt键

26. (　　)属性发生变化，会影响素材缩放和旋转的中心点。

    A. 位置　　　　　　　　　　　　　　B. 缩放

    C. 旋转　　　　　　　　　　　　　　D. 锚点

27. Obsolete文件夹中包含的视频效果有(　　)。

    A. 高斯模糊　　　　　　　　　　　　B. 快速模糊

    C. 方向模糊　　　　　　　　　　　　D. 运动模糊

28. 【实用程序】文件夹中包含的视频效果有(   )。
    A. 颜色过滤   B. Cineon转换器
    C. 灰度系数校正   D. 颜色平衡(RBG)

29. 默认的视频过渡效果是(   )。
    A. 交叉溶解   B. 叠加溶解
    C. 渐隐为白色   D. 渐隐为黑色

30. (   )效果是交换音频素材中的左右声道。
    A. 反转   B. 声道
    C. 左右声道   D. 互换声道

31. (   )效果是设置音频素材中的指定频率数值,消除高于设定值的高频频率,保留低频频率,可以产生浑厚的低音效果。
    A. 低音   B. 高音
    C. 低通   D. 高通

32. 默认的音频过渡效果是(   )。
    A. 交叉溶解   B. 恒定功率
    C. 恒定增益   D. 指数淡化

33. (   )音频过渡效果是利用淡化效果将前一个素材过渡到后一个素材的,可以形成声音上淡入淡出的效果。
    A. 交叉溶解   B. 恒定功率
    C. 恒定增益   D. 指数淡化

34. (   )设置文本运动结束前由快到慢的时长。
    A. 预卷   B. 缓入
    C. 缓出   D. 过卷

35. 对视频文件输出为一组序列帧图像,只需选择好图片格式后,勾选(   )选项即可。
    A. 导出   B. 队列
    C. 导出视频   D. 导出为序列

二、多项选择题:在每小题的备选答案中选出二个或二个以上正确答案,并将正确答案的代码填在题干上的括号内。

1. 电视制式的区别主要表现在(   )。
    A. 画面   B. 帧频率
    C. 分辨率   D. 信号带宽

2. 常见的图像格式有(　　　　)。
   A. GIF格式
   B. JPEG格式
   C. TIFF格式
   D. BMP格式
   E. TGA格式
   F. PSD格式
   G. PNG格式

3. 常见的视频格式有(　　　　)。
   A. MPEG格式
   B. AVI格式
   C. MOV格式
   D. ASF格式
   E. WMV格式
   F. 3GP格式
   G. FLV格式
   H. F4V格式

4. 常见的音频格式有(　　　　)。
   A. WAV格式
   B. MP3格式
   C. MIDI格式
   D. WMA格式
   E. Real Audio格式
   F. ACC格式

5. 景别一般可划分为(　　　　)。
   A. 特写
   B. 近景
   C. 中景
   D. 全景
   E. 远景

6. 摄像机运动拍摄所形成的运动镜头有(　　　　)。
   A. 推镜头
   B. 拉镜头
   C. 摇镜头
   D. 移镜头
   E. 跟镜头
   F. 升镜头
   G. 降镜头

7. 菜单中的【新建】命令可以创建许多常用的元素，包括(　　　　)。
   A. 彩条
   B. 黑场视频
   C. 字幕
   D. 颜色遮罩
   E. HD彩条
   F. 通用倒计时片头
   G. 透明视频

8. 【效果控件】面板里的【运动】属性，所包含的效果属性有(　　　　)。
   A. 位置
   B. 缩放
   C. 旋转
   D. 锚点
   E. 防闪烁滤镜
   F. 不透明度
   G. 时间重映射

9. 【混合模式】属性包含的图层混合模式组有(　　　　)。
   A. 普通模式组
   B. 变暗模式组
   C. 变亮模式组
   D. 对比模式组
   E. 比较模式组
   F. 颜色模式组

10. 普通模式组包括的模式有(　　　　)。

    A. 正常　　　　　　　　　　　　　　B. 颜色

    C. 溶解　　　　　　　　　　　　　　D. 色相

11. 变暗模式组包括的模式有(　　　　)。

    A. 变暗　　　　　　　　　　　　　　B. 相乘

    C. 叠加　　　　　　　　　　　　　　D. 强光

    E. 深色　　　　　　　　　　　　　　F. 点光

    G. 实色混合　　　　　　　　　　　　H. 线性加深

    I. 颜色加深

12. 对比模式组包括的模式有(　　　　)。

    A. 叠加　　　　　　　　　　　　　　B. 柔光

    C. 强光　　　　　　　　　　　　　　D. 亮光

    E. 点光　　　　　　　　　　　　　　F. 相乘

    G. 深色　　　　　　　　　　　　　　H. 线性光

    I. 强混合

13. 颜色模式组包括的模式有(　　　　)。

    A. 色相　　　　　　　　　　　　　　B. 饱和度

    C. 颜色　　　　　　　　　　　　　　D. 发光度

14. 【变换】文件夹中包含的视频效果有(　　　　)。

    A. 垂直翻转　　　　　　　　　　　　B. 水平翻转

    C. 羽化边缘　　　　　　　　　　　　D. 裁剪

15. 【图像控制】文件夹中包含的视频效果有(　　　　)。

    A. 灰度系数校正　　　　　　　　　　B. 颜色平衡(RGB)

    C. 颜色替换　　　　　　　　　　　　D. 颜色过滤

    E. 黑白

16. 【时间】文件夹中包含的视频效果有(　　　　)。

    A. 像素运动模糊　　　　　　　　　　B. 抽帧时间

    C. 时间扭曲　　　　　　　　　　　　D. 残影

17. 【调整】文件夹中包含的视频效果有(　　　　)。

    A. ProcAmp　　　　　　　　　　　　B. 光照效果

    C. 卷积内核　　　　　　　　　　　　D. 提取

    E. 色阶

18. 【调整】文件夹中包含的视频效果有(　　　　)。

    A. 块溶解　　　　　　　　　　　　　B. 径向擦除

    C. 渐变擦除　　　　　　　　　　　　D. 百叶窗

    E. 线性擦除

19. 【透视】文件夹中包含的视频效果有(   )。
    A. 基本3D
    B. 投影
    C. 放射阴影
    D. 斜角边
    E. 斜面Alpha

20. 【模糊与锐化】文件夹中包含的视频效果有(   )。
    A. 复合模糊
    B. 方向模糊
    C. 相机模糊
    D. 通道模糊
    E. 钝化蒙版
    F. 锐化
    G. 高斯模糊

21. 【3D运动】文件夹中包含的视频过渡效果有(   )。
    A. 翻转
    B. 垂直翻转
    C. 水平翻转
    D. 立方体旋转

22. 【划像】文件夹中包含的视频过渡效果有(   )。
    A. 交叉划像
    B. 圆划像
    C. 盒形划像
    D. 菱形划像

23. 【溶解】文件夹中包含的视频过渡效果有(   )。
    A. 交叉溶解
    B. 叠加溶解
    C. 渐隐为白色
    D. 渐隐为黑色
    E. 胶片溶解
    F. 非叠加溶解

24. 【滑动】文件夹中包含的视频过渡效果有(   )。
    A. 中心拆分
    B. 带状滑动
    C. 拆分
    D. 推
    E. 滑动
    F. 交叉滑动

25. 【页面剥落】文件夹中包含的视频过渡效果有(   )。
    A. 翻页
    B. 滑动
    C. 页面剥落
    D. 交叉滑动

26. 【音频过渡】文件夹中包含的音频过渡效果有(   )。
    A. 交叉溶解
    B. 恒定功率
    C. 恒定增益
    D. 指数淡化

27. 在【基本图形】面板里，勾选【滚动】复选框，可设置滚动文本运动时长的属性有(   )。
    A. 预卷
    B. 缓入
    C. 缓出
    D. 过卷

28. 输出单帧图像常用的格式有(   )。
    A. BMP格式
    B. JPEG格式
    C. PNG格式
    D. TIFF格式

29. 输出音频文件常用的格式有( )。
    A. WAV格式   B. MP3格式
    C. ACC格式   D. PSD格式

30. 输出视频文件常用的格式有( )。
    A. MPEG格式   B. AVI格式
    C. MOV格式   D. F4V格式

三、填空题

1. _____是_____指基本原色素及其灰度的基本编码，是构成数字图像的基本单元。

2. 像素是用来_____的一种单位。

3. 把图像放大数倍，会发现图像是由多个色彩相近的小方格所组成，这些小方格就是构成图像的最小单位，就是_____。

4. _____是指图像中的一个像素的宽度与高度之比，而帧纵横比则是指图像的一帧的宽度与高度之比。

5. 一般计算机像素为_____像素，电视像素为_____像素。

6. 数字图像是以像素为单位表示画面的_____和_____。

7. DV画面像素大小为_____，HDV画面像素大小为_____和_____，HD高清画面像素大小为_____。

8. _____就是动态影像中的单幅影像画面。

9. _____是动态影像的基本单位，相当于电影胶片上的每一格镜头。

10. _____就是每秒钟显示的静止图像帧数。

11. 电影的帧速率为_____，我国电视的帧速率为_____。

12. _____是摄像机在记录图像信号的时候，针对每一幅图像记录的唯一的时间编码。

13. 每一帧由两个场组成，即_____和_____，又称为_____和_____。

14. 计算机操作系统是以非交错扫描形式显示视频的，每一帧图像一次性垂直扫描完成，即为_____。

15. 世界上主要使用的电视制式有_____、_____和_____三种。

16. _____一般被称为正交调制式彩色电视制式。

17. _____一般被称为逐行倒相式彩色电视制式。

18. _____一般被称为轮流传送式彩色电视制式。

19. ＿＿＿＿＿＿＿＿＿＿是指由于摄影机与被摄体的距离不同，而造成被摄体在镜头画面中呈现出范围大小的区别。

20. ＿＿＿＿＿＿＿＿＿是指在一个镜头中通过移动摄像机机位，或者改变镜头焦距所进行的拍摄。

21. 通过运动拍摄方式所拍到的画面，称为＿＿＿＿＿＿＿＿＿。

22. ＿＿＿＿＿＿＿＿＿就是将拍摄的画面镜头，按照一定的构思和逻辑，有规律地串联在一起。

23. 画面组接的一般规律就是＿＿＿＿＿＿＿＿＿、＿＿＿＿＿＿＿＿＿和＿＿＿＿＿＿＿＿＿等。

24. Premiere Pro CC 2018的菜单栏包含8个菜单，分别是＿＿＿＿＿＿＿＿＿、＿＿＿＿＿＿＿＿＿、＿＿＿＿＿＿＿＿＿、＿＿＿＿＿＿＿＿＿、＿＿＿＿＿＿＿＿＿、＿＿＿＿＿＿＿＿＿、＿＿＿＿＿＿＿＿＿和＿＿＿＿＿＿＿＿＿。

25. 【项目】面板中提供了＿＿＿＿＿＿＿＿＿和＿＿＿＿＿＿＿＿＿两种不同的显示方式。

26. ＿＿＿＿＿＿＿＿＿工具用于对素材进行选择或移动，也可以选择和调节关键帧位置，或调整素材入点和出点位置。

27. ＿＿＿＿＿＿＿＿＿工具用于绘制直角矩形。

28. ＿＿＿＿＿＿＿＿＿工具用于输入水平方向的文本。

29. ＿＿＿＿＿＿＿＿＿工具可以将素材分割。

30. 当【等比缩放】选项关闭后，就会开启＿＿＿＿＿＿＿＿＿和＿＿＿＿＿＿＿＿＿属性，可分别调节素材的高度和宽度。

四、概念题

1. GIF格式的基本概念。

2. JPEG格式的基本概念。

3. TIFF格式的基本概念。

4. BMP格式的基本概念。

5. TGA格式的基本概念。

6. PSD格式的基本概念。

7. PNG格式的基本概念。

8. MPEG格式的基本概念。

9. AVI格式的基本概念。

10. MOV格式的基本概念。

11. ASF格式的基本概念。

12. WMV格式的基本概念。

13. 3GP格式的基本概念。

14. FLV格式的基本概念。

15. F4V格式的基本概念。

16. WAV格式的基本概念。

17. MP3格式的基本概念。

18. MIDI格式的基本概念。

19. WMA格式的基本概念。

20. Real Audio格式的基本概念。

21. ACC格式的基本概念。

22. 剪辑的基本概念。

23. 动画的基本概念。

24. 非线性编辑的基本概念。

25. 镜头的基本概念。

26. 采样率的基本概念。

27. 比特率的基本概念。

28. 声道的基本概念。

29. 单声道的基本概念。

30. 立体声的基本概念。

31. 5.1声道的基本概念。

五、操作题

1. 案例：魔弦传说

素材文件：素材文件/第03章/"片头00.jpg"至"片头62.jpg"、"魔弦传说01.jpg"至"魔弦传说14.jpg"、背景音乐.mp3

教学视频：视频教程/第03章/魔弦传说.mp4

技术要点："魔弦传说"案例是为了加深理解各种导入素材、查看素材、分类素材、重命名素材、删除素材和文件夹管理的方法，以及更改预设和自动匹配序列功能的运用。

制作要求：根据提供的素材和教学视频，制作视频片段，提交制作好的工程文件和MP4格式的视频输出文件。

2. 案例：动画变速

素材文件：素材文件/第04章/动物城.mp4、背景音乐.mp3

教学视频：视频教程/第04章/动画变速.mp4

技术要点："动画变速"案例是为了加深理解【速度/持续时间】、【波形删除】、【取消链接】、【插入】和【复制】命令，以及彩条的效果。

制作要求：根据提供的素材和教学视频，制作视频片段，提交制作好的工程文件和MP4格式的视频输出文件。

3. 案例：剪辑动画

素材文件：素材文件/第05章/"飞书01.mp4"至"飞书06.mp4"、飞书.mp3

教学视频：视频教程/第05章/剪辑动画.mp4

技术要点："剪辑动画"案例是为了加深理解【出点】、【入点】、【播放分辨率】、【插入】、【覆盖】和【提取】命令，以及多个监视器的功能使用。

制作要求：根据提供的素材和教学视频，制作视频片段，提交制作好的工程文件和MP4格式的视频输出文件。

4. 案例：运动动画

素材文件：素材文件/第06章/光盘.png、光盘贴.png、光盘盒.png、光盘标题.jpg

教学视频：视频教程/第06章/运动动画.mp4

技术要点："运动动画"案例是为了加深理解素材【效果控件】面板中的【位置】、【缩放比例】、【旋转】、【透明度】和【混合模式】等属性特征。

制作要求：根据提供的素材和教学视频，制作视频片段，提交制作好的工程文件和MP4格式的视频输出文件。

5. 案例：动画海报

素材文件：素材文件/第07章/头脑01.jpg、头脑02.jpg、装饰.png、标题中文.png、 标题英文.png

教学视频：视频教程/第07章/动画海报.mp4

技术要点："动画海报"案例是综合运用视频特效制作而成。

制作要求：根据提供的素材和教学视频，制作视频片段，提交制作好的工程文件和MP4格式的视频输出文件。

6. 案例：陆战队

素材文件：素材文件/第08章/"陆战队01.jpg"至"陆战队09.jpg"、标题背景.jpg、标题.png、陆战队.mp3

教学视频：视频教程/第08章/陆战队.mp4

技术要点："陆战队"案例是综合运用视频切换特效制作而成。

制作要求：根据提供的素材和教学视频，制作视频片段，提交制作好的工程文件和MP4格式的视频输出文件。

7. 案例：动画声音

素材文件：素材文件/第09章/音频1.wma

教学视频：视频教程/第09章/动画声音.mp4

技术要点："动画声音"案例是运用【高音换挡器】和【高音】效果制作而成。

制作要求：根据提供的素材和教学视频，制作音频片段，提交制作好的工程文件和MP3格式的音频输出文件。

8. 案例：动画播放器

素材文件：素材文件/第10章/冰雪奇缘背景.jpg、冰雪奇缘LOGO.jpg、冰雪奇缘.mp3、冰雪奇缘.txt

教学视频：视频教程/第10章/动画播放器.mp4

技术要点："动画播放器"案例是为了加深理解字幕和图形使用方法。

制作要求：根据提供的素材和教学视频，制作视频片段，提交制作好的工程文件和MP4格式的视频输出文件。

9. 案例：视频输出

素材文件：素材文件/第11章/"序列000.jpg"至"序列100.jpg"、序列.mp3

教学视频：视频教程/第11章/视频输出.mp4

技术要点："视频输出"案例是为了加深理解输出AVI和MPEG格式影片。

制作要求：根据提供的素材和教学视频，制作视频片段，提交制作好的工程文件和MP4格式的视频输出文件。